意思決定の数理

最適な案を選択するための
理論と手法

西﨑一郎 著
Nishizaki Ichiro

森北出版株式会社

まえがき

　企業経営や公的機関の組織運営において，あるいは個人生活においてさえ，われわれは日々さまざまな問題を精査したうえで，適切な案（もしくは代替案）を生成し，選択していかなければならない．このような意思の決定に対して，多くの意思決定者は合理的に対応したいと望んでいるに違いない．

　現実の意思決定に当面する意思決定者にとって，とくに考慮すべき観点は，意思決定問題に含まれる不確実性と多目的性である．意思決定問題における不確実性とは，ある行動を選択した結果が必ずしも決定的ではなくて，確率的に結果が生じること意味する．一方，多目的性とは，一つだけの基準ではなく，複数の基準から行動を選択し結果を評価することを意味する．

　本書では，困難な意思決定問題に対して不確実性と多目的性を考慮して，できるだけ合理的に決定したいと考える意思決定者を対象にした方法論を解説している．本書は四つの章から構成され，各章のあらましは以下のとおりである．

　第1章は，本書で取り扱う意思決定問題や手法を概観する導入となっている．

　第2章では，いくつかの代替案が与えられたとき，基本仮定あるいは公理に基づいた合理的な選択について議論する．不確実性が含まれない問題に対しては価値関数を導入し，代替案が選択されたときの結果が確率分布として表現されるような不確実性を含む問題に対しては効用関数を導入する．とくに，不確実性下の意思決定に関して，基本仮定に基づけば，効用の期待値を最大化すべきであることを示す．さらに，現実の人々の意思決定がこの期待効用原理に従わない事例を示し，そのような意思決定にも対応できるプロスペクト理論についても紹介する．

　現実の意思決定問題では，たとえば利益の最大化だけでなく，ほかの多様な観点からの基準によって，複数の代替案が比較され評価される．第3章では，このような多目的評価を実現するために，目的を数量化した指標である属性を導入し，第2章で考察した確実性下の価値関数や不確実性下の効用関数に対して，複数の目的を考慮できるように拡張した多属性価値関数および多属性効用関数を導入する．

　第3章で紹介する手法では，属性ごとに価値関数や効用関数を同定し，属性間のトレードオフを考慮して，各属性のスケールを調整することによって，多属性価値関数や効用関数を構築している．

　このような第3章でのアプローチに対して，たとえば，基準や代替案の対を取り出

し，一対比較するというように，より部分的な評価や判断だけを用いた意思決定手法が開発されてきている．第 4 章では，そのような多目的意思決定手法の代表的な手法を取り扱う．

　本書は，工学系や経済・経営学系の学部あるいは大学院での意思決定に関する授業のための教科書として使用されることを念頭に記述されているが，意思決定に携わる研究者や実務家が基本的な概念を理解するための独習書としても幅広く利用していただけると信じている．

　なお本書では，各章で導入する概念に対して，それぞれ数値例を与えることで，独習書として利用される場合の読者の理解を助け，促進するように工夫している．

　本文中にいくつかの書籍や論文を引用させていただいたが，本書を記述するうえでそれらの文献からとくに大きな恩恵を受けたことをここに記し，感謝のしるしとしたい．

2017 年 8 月

西﨑 一郎

目　次

第 1 章

序　論

1.1 意思決定とは

　意思決定とは，さまざまな環境のもとで人々が複数の選択肢（本書では代替案とよぶ）を評価し，いずれかの代替案を選択することである．意思決定を適切に行うために，意思決定の対象範囲を明らかにし，数理的に解析できるように意思決定問題を構造化し，定義する必要がある．また，意思決定問題の代替案を選択する人のことを，意思決定者という．

1.1.1 ◆ 意思決定の階層

　企業や公的機関の組織では，日々さまざまな決定がなされており，そのような決定が適切になされることが運営上きわめて重要である．組織での意思決定を考えるとき，管理（マネジメント）の水準，すなわち管理階層によって，対象とする意思決定問題が異なってくる．一般に，図 1.1 のように 3 階層に区分され，それぞれの管理あるいは意思決定の特徴は，次のように要約できる．

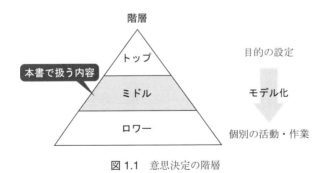

図 1.1　意思決定の階層

トップマネジメント　　長期的な視点から，組織の目的やそれに対応する戦略を設定する．意思決定問題の範囲や構造を明確にすることは困難で，組織のおかれた環境に応じて新たに経営政策を構築する．この階層での決定は戦略的 (strategic) であるという．

ミドルマネジメント　　中期的な視点から，上位の戦略を部門レベルの戦術に再設定する．意思決定問題の範囲は明確で，構造化や数理モデル化が可能で，モデル化された問題を合理的な観点から解決する．この階層での決定は戦術的 (tactical) であるという．

ロワーマネジメント　　短期的な視点から，部門の決定事項を日常ベースの活動に再設定する．意思決定問題は数理的に定義でき，対応する解法を用いて個別の活動を決定する．この階層での決定は操作的 (operational) であるという．

　本書が対象とする意思決定の領域は，おもにミドルマネジメントにおける意思決定であり，組織の目的を整理し，意思決定問題を構造的にモデル化し，合理性を考慮して最良の方策を選択することが目的である．

1.1.2 ♦ 個人の意思決定と集団的意思決定

　組織における意思決定は，多かれ少なかれ，複数の関係者がかかわることが多いが，人々が同じ考えや関心をもつ場合，個人の意思決定と解釈できる．これに対して，考え方や関心が互いに共通しない個人の集まりが，集団で何らかの決定をしなければならない場合の意思決定を，集団的意思決定という（図 1.2 参照）．

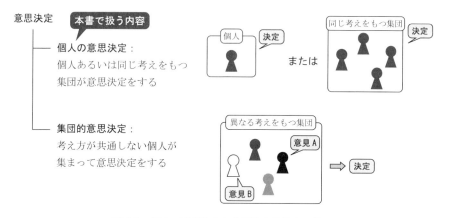

図 1.2　個人の意思決定と集団的意思決定の違い

　集団的意思決定の分野は，ゲーム理論とのかかわりもある．ゲーム理論は，次のような非協力ゲームと協力ゲームに大別される．

非協力ゲーム　　非協力ゲームでは，考え方や関心が必ずしも共通しない複数の意思決定者がそれぞれ単独で行動を選択し，すべての意思決定者の行動の組合せによっ

て，各意思決定者の利得が決定される．社会的あるいは経済的状況は，ゲーム理論を用いて記述される．おもに，各意思決定者が合理的に振る舞えば，どのような社会的状況（均衡）が形成されるかに着目して分析される．

協力ゲーム　協力ゲームでは，基本的にはすべての意思決定者が協力して，集団として最適な行動を選択する．その結果得られる利得を，意思決定者間でいかに分配するかを取り扱う．

　非協力ゲームは，社会的あるいは経済的状況を数理的にモデル化し，その均衡状態を分析することが主要なテーマであり，本書で取り扱う意思決定との関連は強くない．一方，協力ゲームに関しては，複数の意思決定者を含む集団的意思決定問題ととらえることができる．たとえば，サプライチェーンによる利益の増分をサプライチェーンに加わった企業の間で分配するような意思決定問題は，協力ゲームを利用して解決することが考えられる．しかし，ゲーム理論はそれ自体記述すべき内容が多く，本書では取り扱わない．本書では，個人の意思決定者を対象に，複雑で困難な問題に対してできるだけ合理的な決定を下せるように支援する方法論に焦点を当てて記述する．

1.2　意思決定アプローチの分類

　一般に，意思決定を議論するアプローチとして，
① 規範的意思決定 (normative decision making)
② 記述的意思決定 (descriptive decision making)
③ 処方的意思決定 (prescriptive decision making)
の3種類がある．
　① 規範的意思決定では，意思決定における合理性の基準，すなわち公理的なルール（数学上の論理）に従えば，人々はどのように行動すべきなのかを考える．ここでいう公理とは，たとえば，「二つの選択肢があり，一方を選んだときに得る金銭がもう一方よりも多ければ，前者を選択する」というような，素直に受け入れられる条件や仮定のことである．
　② 記述的意思決定では，現実の人々はどのように行動しているのかを実験結果から明らかにしようとするものである．すなわち，①による行動の原理が実際の人々の行動と整合するものであるのかについて，二者択一の選択問題など比較的簡単な選択問題を被験者に提示し，その結果を分析・検証する．
　③ 処方的意思決定では，公理を基礎とした行動原理を提供する①や，現実の人々が実際に取る行動を明らかにする②の知見を参考にして，系統的な手順を提供し，意思

決定者を支援する．複雑な意思決定問題を理解しやすい手順で取り扱いやすい問題に変換していくものである．実際の意思決定問題に直面した意思決定者に対し，自身の目的や選好（好み）に応じた適切な決定を下せるように支援するには，このような複合的なアプローチが必要になる．処方的意思決定は，決定分析 (decision analysis) ともよばれ，本書でもこちらの呼称をおもに使うことにする．

決定分析では，必ずしも完全に合理的な決定を下せる意思決定者が想定されているわけではない．むしろ，できるだけ合理的に決定したいと考えている意思決定者を対象に，複雑で困難な問題に対してできるだけ合理的な決定を下せるように支援することが目的である．その方法は，たとえば，いかに決定すべきかの処方を与える分析手法やソフトウェアを開発し，提供することである．決定分析の適用範囲は，エネルギー，製造業，サービス業，医療，軍事，公的政策，環境問題などの各分野に広がっている．

本書では，この決定分析の観点から，意思決定を解説する．

1.3　意思決定問題の構成

決定分析では，複雑で困難な意思決定問題を対処できるように部分問題（要素）へと分割し，規範的意思決定で議論されるような素直に受け入れられるいくつかの条件を仮定する．たとえば，決定する段階以前に費消されたコストを現在の決定に関連付けることは適切ではないし，意思決定問題の表し方によって選択されるべき選択肢が変わってしまうことは一貫性を欠く．

意思決定問題は

- 代替案 (alternative)
- 目的 (objective) と属性 (attribute)
- 選好 (preference)
- 不確実性 (uncertainty) に対する予測
- 起こりうる結果 (consequence)

などに問題を分割あるいは分離して形式的に表現することによって，取り扱いやすくできる（図 1.3）．とくにこの中で，意思決定者の好みを表す選好と，不確実性（不確実な事象の生起）に対する予測は，意思決定者の主観に依存する．

代替案とは，意思決定問題において，意思決定者が選択すべき選択肢のことで，本書で取り扱う代替案の数は有限である．とくに，現実問題を取り扱う場合，適切なあるいは有望な代替案を生成することがきわめて重要であることに注意すべきである（例3.1 を参照）．

目的は，代替案を選択するうえで考慮すべき基準である．たとえば，学生は卒業後

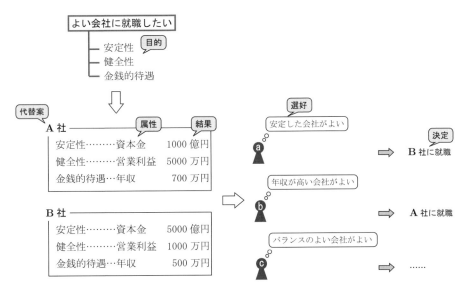

図1.3　意思決定問題の構成

の就職先を決めるうえで，企業の「安定性」，「健全性」，「待遇」などを考慮するが，このような基準が目的である．決定分析における多目的意思決定では，各目的を数値化して評価するための尺度を**属性**とよぶ．たとえば，企業の「安定性」，「健全性」，「待遇」の目的に関しては，それぞれ「資本金」，「営業利益」，「年収」のような，数値化できる属性が対応付けられる．

　選好は，金銭額のような**結果**に対して意思決定者が示す好みを表している．たとえば，意思決定者がもつ次のような考えのことである．

- **単一属性の場合**　「年収」が500万円のB社よりも，「年収」が700万円のA社のほうが好ましい．
- **2属性の場合**　「資本金」が1000億円で「営業利益」が5000万円のA社のほうが，「資本金」が5000億円で「営業利益」が1000万円のB社より好ましい．

　単一属性（単一目的）の選好は明らかであるが，多属性（多目的）の場合の意思決定者の選好は本質的である．すなわち，上記の2属性の場合，「資本金」に関してはB社のほうが大きく，「営業利益」に関してはA社のほうが大きいので，A社がB社より好ましいという関係は意思決定者の選好によるものであり，この例では意思決定者の選好が代替案の選択に対して重要な役割を果たす．なお，このように，A社がB社より好ましいという選好をもつ意思決定者は「健全性」志向であるといえる．

　意思決定における**不確実性**とは，意思決定者が同じ選択をしても，意思決定問題に関連する事象の生起により，結果が変わることを意味する．たとえば，ある就職先候

補の会社が，景気の状況に依存して，

- 好景気のとき：5000 万円の利益
- 通常の景気のとき：3000 万円の利益
- 不景気のとき：500 万円の利益

のように利益が変わる場合，意思決定者はこのような不確実性を考慮して代替案を選択すべきである（図 1.4 参照）.

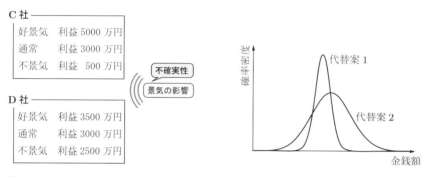

図 1.4 不確実性を考慮した代替案の選択   図 1.5 不確実性下の選好

　代替案 1 と代替案 2 の選択の結果が，図 1.5 に示されるような確率分布の場合，代替案 1 の結果は代替案 2 と比べて平均は小さいがばらつきが小さく，極端に小さい金銭額になる危険は少ない．一方，代替案 2 の結果はその逆で，平均は代替案 1 に比べて少し大きいがばらつきが大きく，代替案 1 と比較して受け取る金銭額が極端に小さいことや大きいことがある．これらの代替案における不確実性に関する選好は，意思決定者によって変わりうる．たとえば，ある意思決定者は受け取る金銭額が極端に小さくなるリスクを避けて代替案 1 を好むかもしれないし，別の意思決定者は逆により大きな金銭額を受け取る可能性がある代替案 2 を好むかもしれない．意思決定者には，このような不確実性に対する選好があり，意思決定者ごとの選好を考慮した選択がなされると考えるべきである．

　図 1.6 には，図 1.5 に示した比較をもう少し具体的に，図 1.4 の例の C 社と D 社の利益とした場合の離散的な確率分布を示している．

- C 社の利益は，
  好景気のとき（確率 0.3 で起こる）：5000 万円の利益
  通常の景気のとき（確率 0.5 で起こる）：3000 万円の利益
  不景気のとき（確率 0.2 で起こる）：500 万円の利益
  である．
- D 社の利益は，

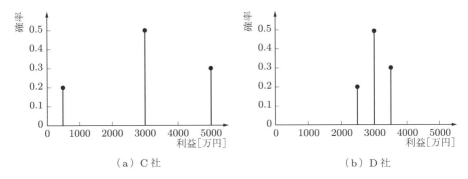

図 1.6　不確実性下の選好：会社の利益

好景気のとき（確率 0.3 で起こる）：3500 万円の利益

通常の景気のとき（確率 0.5 で起こる）：3000 万円の利益

不景気のとき（確率 0.2 で起こる）：2500 万円の利益

である.

C 社の利益は D 社の利益と比べて期待値は大きく，ばらつきも大きい．一方，D 社の利益はその逆で，C 社の利益に比べて期待値は少し小さいが，ばらつきは小さい．

　上述したように，現実の意思決定に当面する意思決定者にとって，とくに考慮すべき観点は，意思決定問題に含まれる不確実性と多目的性である．意思決定問題における不確実性とは，ある行動を選択した結果が必ずしも決定的ではなくて，確率的に結果が生じること意味し，このような状況下での意思決定問題を不確実性下の意思決定という．一方，**多目的性**とは，ある行動を選択した結果を，一つだけの基準ではなく，複数の基準から評価することを意味する．たとえば，結果を獲得できる金銭額のみで評価するのではなく，得られる多様な便益や費用および損失から評価する場合は，多目的意思決定である．

1.4　意思決定問題の分類

　単一目的の意思決定問題を取り扱う場合，結果は 1 次元であり，たとえば金銭額で表現される．多目的問題では，n 種類の目的がある場合，結果は n 次元ベクトルで表現される．個人の意思決定を考える場合，前節で示した問題の各要素が定義されれば，意思決定問題は不確実性と多目的性によって特徴付けられ，表 1.1 に示すように分類できる．

　価値関数や効用関数は，二つの結果の選好関係を表現したものである．たとえば，価値関数を v で表し，結果を x と y とすると

表 1.1　意思決定の分類と対応する関数

	確実性下 (under certainty)	不確実性下 (under uncertainty)
単一目的 (single-objective)	価値関数 (value function)	効用関数 (utility function)
多目的 (multiobjective)	多属性価値関数 (multiattribute value function)	多属性効用関数 (multiattribute utility function)

$$x は y より好まれる \quad \Leftrightarrow \quad v(x) > v(y)$$

という関係を表現する．2つの関数の名称の違いは，意思決定問題が確実性のもとで考察されるか不確実性のもとで考察されるかに依存する．本書では，価値関数と効用関数をそれぞれ v と u で表し，単一目的の問題ならば，v および u は結果を表すスカラーの実数値 x の関数であり，多目的（n 目的）の問題ならば，実数値ベクトル $\boldsymbol{x} = (x_1, \ldots, x_n)$ の関数となる．

　図 1.7 は，それぞれ (a) 確実性下の単一目的意思決定，(b) 不確実性下の単一目的意思決定，(c) 確実性下の多目的意思決定，(d) 不確実性下の多目的意思決定のイメージを表している．これらの図の左側は代替案の集合を示し，一つの代替案を選択すれば，確実性下の意思決定問題では，結果として実数値が与えられる．単一目的の場合はスカラー値（x^a など）となり，多目的の場合，ベクトル値（$\boldsymbol{x}^a$ など）となる．不

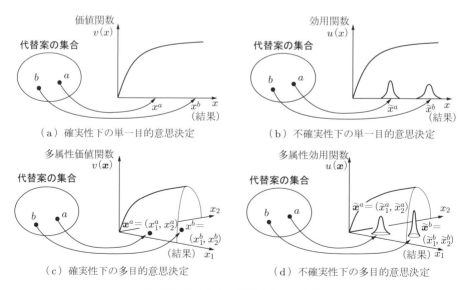

（a）確実性下の単一目的意思決定　　　　（b）不確実性下の単一目的意思決定

（c）確実性下の多目的意思決定　　　　（d）不確実性下の多目的意思決定

図 1.7　意思決定の分類（イメージ図）

確実性下の意思決定問題では，結果は確率変数として与えられ，単一目的の場合は1次元の確率変数（$\tilde{x}^a$ など）であり，多目的の場合，多次元確率変数（$\tilde{\boldsymbol{x}}^a$ など）となる．さらに，得られた結果が (a) スカラー値や (c) ベクトル値の場合，価値関数で評価され，関数値の大きい結果をもたらす代替案が選択される．得られた結果が (b) 確率分布や (d) 多次元確率分布の場合，効用関数で評価され，効用の期待値の大きい結果をもたらす代替案が選択される．

1.5　本書の構成

　本書の構成は以下のとおりである．第2章では，単一目的意思決定を取り扱う．価値関数や効用関数を構成するうえで必要となるいくつかの基本仮定を与え，実際にこれらの関数を同定する手法を示す．さらに，規範的意思決定の側面から，二つの主要な定理を与えるとともに，記述的意思決定の側面から，現実の人々を被験者とした実験内容を示す．最後に，この結果と整合する理論の発展を紹介する．

　第3章では，多目的意思決定を取り扱う．確実性下の多目的意思決定では，多目的性に関する選好，すなわち意思決定者が属性間のトレードオフを評価することによって，多属性価値関数を定める．不確実性下の多目的意思決定では，意思決定者は不確実性に関する選好と多目的性に関する選好を同時に評価しなければならない．

　第2章や第3章では，意思決定者から選好に関する情報を聞き出し，価値関数や効用関数を同定したうえで，これらの関数を最大化する代替案を選択すべきであることを示している．しかし，そのような情報を意思決定者からすべて聞き出すことは必ずしも容易ではない．そこで第4章では，多属性価値関数を明確に同定することなく，二つの結果の比較を繰り返すことによって代替案の順序付け（ランキング）を行ういくつかの手法を紹介する．

効用理論

　本章と次章で解説する効用関数や価値関数に関連する学問領域は，効用理論とよばれている．この領域の中でも本章では，単一の目的をもつ不確実性下の意思決定問題をおもに取り扱う．意思決定問題は，ある代替案を選択した際，結果が唯一に定まるかどうかで，確実性下の意思決定，あるいは不確実性下の意思決定に分類される．とくに，不確実性が確率分布として表現できる場合をリスク (risk) 下の意思決定ということもある．本章と次章で扱う不確実性下の意思決定では，不確実性が確率分布として表現できることを仮定するので，リスク下の意思決定を取り扱うことになる．

　意思決定問題は，いくつかの要素に分解することによって効率的に解決できる．そのような要素は，選択の対象となる代替案，意思決定者が関与できない事象に関する不確実性，行動が選択されたときの結果，意思決定問題を表現して代替案を評価するための目的，意思決定者の結果に対する選好によって構成される．とくに，意思決定者の不確実性下の結果に対する選好は効用関数で表現される．本章では，いくつかの公理や基本的な仮定のもとで，効用の期待値を最大化させる代替案を選択すべきであることを示す．

　一方で，現実の人々の行動は，期待値の最大化とは整合しないことがある．本章の最後に，その事例を示し，このような反例に適応できる理論の拡張についても説明する．

2.1 ▶ 確実性下の意思決定

2.1.1 ◆ 完全性と推移性

　図 2.1 に示すように，A を代替案 (alternative) の集合とし，意思決定者が代替案

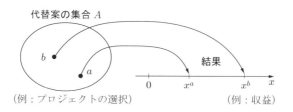

図 2.1　代替案と結果

$a \in A$ を選択すると，確実な結果（consequence または outcome）x^a が得られると する．このとき，どの代替案を選択すべきかを考えることを確実性下の意思決定とい う．結果 x^a は，一般には複数の要素をもつ数値ベクトルであってもよいが，本章では 単一目的の意思決定を取り扱っているので，単一の属性 X の特定の水準を表している と考える．図 2.1 の例では，プロジェクトの選択を示している．代替案の集合 A は複 数の選択肢であるプロジェクトの集合である．たとえば，プロジェクト a を実行した ら，収益として x^a が得られることを示している．

意思決定者は，代替案 $a, b \in A$ に対して，a が b より選好される（好ましい）か，b が a より選好されるか，a と b が無差別（同程度に好ましい）であると考える．a が b より選好されることは $a \succ b$，a と b が無差別であることは $a \sim b$ とそれぞれ表記す る．このとき，代替案 $a, b \in A$ に対して，

$$a \succ b \text{ または } b \succ a \text{ または } a \sim b$$

であるならば，a と b に対して意思決定者は**選好**をもつという．意思決定者が集合 A の中の任意の代替案のペアに選好をもつならば，その選好は**完全** (complete) あるいは **完全性**を満たすという．さらに，任意の三つの代替案 $a, b, c \in A$ に対して，

$$a \succ b \text{ かつ } b \succ c \quad \Rightarrow \quad a \succ c$$

が成り立てば，選好は**推移的** (transitive) あるいは**推移性**を満たすという（図 2.2(a) 参照）．

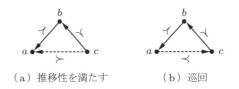

（a）推移性を満たす　　　（b）巡回

図 2.2　推移性と巡回

完全性を満たすことは，任意の二つの代替案に対して，どちらが好ましいか，ある いは同じほど好ましいかを示せることを意味しており，暗黙的に意思決定者に選択を 明らかにするように求めている．これに対して一般に，人は明確に定義された選好をも たないとの反論があるかもしれないが，完全性がなければ代替案の選択ができず，明 らかに意思決定は困難になる．また，推移性が成り立たないようであれば，図 2.2(b) のように，$a \succ b \succ c \succ a$ のような巡回が起こる可能性があり，最良の代替案を定めよ うとするときに，最終的な選択ができない恐れがある．推移性の意味するものは，論 証や論理の組立てに必要であることは明白であり，意思決定において推移性を課すこ

とには説得力がある.

ある学生の就職を例に考える. 代替案として, 会社 1, 会社 2, 会社 3, 会社 4, 会社 5 があるとする. さらに, この学生が示す選好関係は

$$\text{会社 } 3 \succ \text{会社 } 2 \sim \text{会社 } 5 \succ \text{会社 } 4 \succ \text{会社 } 1$$

であると仮定する. 完全性と推移性が満たされていれば, このような表現は可能であり, もっとも選好される代替案を選択することができる. この例では, 会社 3 がもっとも選好される. 仮に完全性が満たされなければ, このような選好関係が表現できないかもしれないし, 推移性が満たされなければ, 巡回が起こり, この例のように会社 3 がもっとも選好されるとはいえなくなるかもしれない.

2.1.2 ♦ 価値関数

価値関数は選好関係を表現する関数である. すなわち

$$a \succ b \quad \Leftrightarrow \quad v(a) > v(b) \tag{2.1}$$

を満たすような選好関係に対応する**価値関数** (value function) v を考える. このような価値関数が与えられれば, 最適な選択をすることは v を最大化する代替案を選択することと同じことになる.

上述の, 学生の就職先の例に対する価値関数を考える. たとえば, もっとも選好される会社 3 に対して $v(\text{会社 } 3) = 1$ とし, もっとも選好されない会社 1 に対して $v(\text{会社 } 1) = 0$ とする. これらの中間値を会社 2 に対して指定すると, $v(\text{会社 } 2) = 0.5$ となる. 会社 2 ～ 会社 5 なので, 会社 5 に対して $v(\text{会社 } 5) = 0.5$ とする. 会社 4 に関して, 会社 5 と会社 1 の中間値を指定すると, $v(\text{会社 } 4) = 0.25$ となる. このように価値関数値を設定すれば, 価値関数は選好関係が示す代替案の順序付け (ランキング) と整合する. したがって, 学生は価値関数 v を最大化するように行動するといえる.

もちろん, この学生が示した選好関係と整合する異なる価値関数も考えられる. 表 2.1 には, 上述の価値関数 v とは別の関数 w を示しているが, v, w のどちらも, 明らかに学生が示した選好関係と整合していることがわかり, w も価値関数である.

価値関数は, 代替案に対して実数値を与えるので, 選好が完全でないと明らかに矛盾する. また, 価値関数の二項関係 (大小関係) ">" は実数に関して推移的であるので,

表 2.1　価値関数

価値関数	会社 1	会社 4	会社 5	会社 2	会社 3
v	0	0.25	0.5	0.5	1
w	1	3	4	4	7

選好も推移的でなければならない．したがって，価値関数を導入するためには，選好関係が完全性と推移性を満たすことを仮定しなければならない．これを踏まえて，価値関数を次のように定義する．

定義 2.1　価値関数

　意思決定者が代替案 a を代替案 b より選好するならば，関数 v は代替案 a の関数値が代替案 b の関数値より大きいように実数を割り当て，逆の選好および無差別関係にも同様に成り立つとき，v を価値関数とよぶ．すなわち，A を代替案の集合とすると，任意の代替案 $a, b \in A$ に関して

$$\left.\begin{array}{lll} a \succ b & \Leftrightarrow & v(a) > v(b) \\ a \sim b & \Leftrightarrow & v(a) = v(b) \\ a \prec b & \Leftrightarrow & v(a) < v(b) \end{array}\right\} \tag{2.2}$$

を満たす v を価値関数とよぶ．

　表 2.1 に示すように，選好が完全で推移的であり，代替案の集合 A の要素が自然数によって番号付けできる，すなわち可算的であれば，この選好を表現する価値関数 v が存在することが知られている．また，任意の a, b に関して，価値関数 v から強意単調増加変換によって生成された関数 w は，次に示すように v と同じように代替案を順序付けする．

$$v(a) > v(b) \quad \Leftrightarrow \quad w(a) > w(b) \tag{2.3}$$

このような性質は，しばしば関数 v は強意単調増加変換まで一意（強意単調増加変換しても等価）であると表現される．ここで，強意単調増加変換とは，$x < y$ ならば $f(x) < f(y)$ となるような関数 f による数値の変換である．

2.1.3 ♦ 可測価値関数

　学生の就職の例において，表 2.1 に示した価値関数 v では，$v(会社 5) - v(会社 4) = v(会社 4) - v(会社 1)$ の関係があるが，この関係が会社 4 への就職から会社 5 へ変更することによって生じる価値の増分と会社 1 から会社 4 へ変更することによって生じる価値の増分が同じであることを意味しているわけではない．もちろん，学生が示した選好関係と整合するもう一つの価値関数 w では，そのような関係はない．

　これまでに定義した価値関数は，代替案の選好の順序を与えるが，代替案の間の選好の強さに関しての情報は何も与えていない．すなわち，価値関数の値は序数 (ordinal number) であり，順序を与えるだけで，その大きさ自身に意味をもたない．これに対して，選好の強さを表現できる**可測価値関数** (measurable value function) を導入しよう．

再び，意思決定者は代替案に対して完全で推移的な選好をもつとし，さらに代替案の遷移に関しても選好をもつとする．代替案 a から代替案 b への遷移を $(a \rightarrow b)$ と表す．選好に対する強さを表現するためには，意思決定者は異なる任意の遷移を比較できなければならない．任意の代替案 a, b, c, d に対して，$(a \rightarrow b)$ と $(c \rightarrow d)$ の間に $\succ$，$\sim$，$\prec$ の関係が成立するとする（図 2.3 参照）．

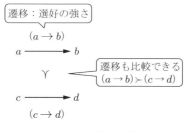

図 2.3 遷移の比較

定義 2.2 可測価値関数

価値関数 v が定義 2.1 に従い，さらに次の性質をもつならば，v は可測であるという．

代替案 a から代替案 b への遷移が代替案 c から代替案 d への遷移よりも好まれることの必要十分条件は，b と a の間の価値（価値関数の値）の差が d と c の間の価値の差よりも大きいことである．さらに，逆の選好および無差別関係に対しても同様に成り立つ．すなわち，A を代替案の集合とすると，任意の代替案 $a, b, c, d \in A$ に関して

$$\left. \begin{array}{lll} (a \rightarrow b) \succ (c \rightarrow d) & \Leftrightarrow & v(b) - v(a) > v(d) - v(c) \\ (a \rightarrow b) \sim (c \rightarrow d) & \Leftrightarrow & v(b) - v(a) = v(d) - v(c) \\ (a \rightarrow b) \prec (c \rightarrow d) & \Leftrightarrow & v(b) - v(a) < v(d) - v(c) \end{array} \right\} \tag{2.4}$$

である．

可測価値関数 v の値は，順序の比較だけでなく，関数の値の差も解釈することが可能な基数 (cardinal number) である．また，v の値の和も意味をもつ．しかし，v の値の商や積は意味をもたないので，「代替案 a は代替案 b より 3 倍好ましい」というよ

うな表現は可測価値関数ではできない.

可測価値関数も複数存在しうる. 実際, v が可測価値関数ならば, 正の線形変換 $v' = \alpha v + \beta$, $\alpha > 0$ も可測価値関数である. このような性質を, 可測価値関数は正の線形変換まで一意であると表現する. たとえば, 摂氏温度や華氏温度などの気温の尺度は, このような性質をもち, 基数的である.

学生の就職問題を, 年収だけで評価する単一目的の意思決定問題として考えよう. 表 2.2 に, 三つの候補となる会社 (代替案) とそれぞれの年収 (結果) を示す.

表2.2 代替案

代替案	結果 (年収 [万円])
会社 1	360
会社 2	400
会社 3	420

会社 1 の年収が 360 万円で, 会社 2 の年収が 400 万円なので, v が価値関数となるには $v(360) < v(400)$ を満たせばよい. たとえば, $v(360) = 0.2$, $v(400) = 0.5$ が考えられる. さらに, 会社 3 の年収は 420 万円なので, $v(400) < v(420)$ を満たせばよい. たとえば, $v(420) = 0.6$ でもよい.

このように, 年収の大きさだけを考慮して就職先を選択するのであれば, 意思決定者である学生は年収が 420 万円である会社 3 を就職先として選択すべきであり, v を年収そのものとして取り扱ってもよい. つまり, 単一目的の意思決定問題では, 必ずしも価値関数 v は必要とされない.

では, 確実性下の単一目的の意思決定における本質的な問題 (困難な問題) とは何だろうか. たとえば, 線形計画問題に代表される一般の数理計画問題を解くことは, 確実性下の単一目的の意思決定と解釈できる. このような問題には不確実性はないが, 目的関数の最大値や最小値をみつけること自体が困難であり, 本質的な問題は最適解のみつけ方にあるといえる.

2.1.4 ◆ 可測価値関数の同定

本項では, 意思決定者の選好を表現する可測価値関数 v を定めていく手法として, 比較的取り扱いやすいと考えられる**価値二分法**を紹介する.

価値二分法は, 次に示すような 2 点間の価値中点を繰り返し指定することで価値関数を同定する方法である. たとえば, 最良値を $x^* = 500$, 最悪値を $x^0 = 300$ とする. 区間 $[x^0, x^*]$ を価値の観点から二分する点を意思決定者に尋ねる. 得られた値を $x^{0.5}$ とする. 価値関数が可測であるとすると,

$$(x^0 \to x^{0.5}) \sim (x^{0.5} \to x^*)$$

となり，$v(x^0) = 0$，$v(x^*) = 1$ とおけば，$v(x^{0.5}) - v(x^0) = v(x^*) - v(x^{0.5})$ より，
$v(x^{0.5}) = 0.5$ となる．意思決定者から得た二分点が $x^{0.5} = 360$ だったとすれば，
$v(360) = 0.5$ となる．同様に，区間 $[x^0, x^{0.5}]$ を価値の観点から二分する点 $x^{0.25}$，さ
らに区間 $[x^{0.5}, x^*]$ を価値の観点から二分する点 $x^{0.75}$ を意思決定者に尋ねる．これら
の値が $x^{0.25} = 325$，$x^{0.75} = 410$ だったとすれば，得られた点を滑らかな曲線でつな
げば，図 2.4 のような価値関数が得られる．

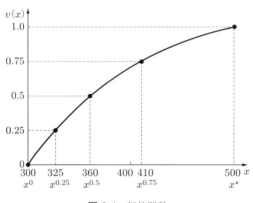

図 2.4　価値関数

2.2　不確実性下の意思決定

前節の表 2.2 に示されたような単一目的の代替案の比較は容易である．しかし，結
果に不確実性がともなう場合，意思決定者の選好が重要になってくる．たとえば，あ
なたが次の三つのくじのうち一つを選択する権利が与えられたとしよう．

くじ 1　　さいころに従い，賞金を得る．つまり，1 の目が出たら 1 万円，2 ならば 2
　　　　万円，3 ならば 3 万円，4 ならば 4 万円，5 ならば 5 万円，6 ならば 6 万円を得る．

くじ 2　　さいころの目が 1 または 2 ならば 3 万円，3 または 4 ならば 3.5 万円，5 ま
　　　　たは 6 ならば 4 万円を得る．

くじ 3　　さいころの目が何であっても，3.5 万円を得る．

三つのくじの期待値はすべて 3.5 万円である．くじ 1 ならば，6 万円が得られるか
もしない．くじ 2 ならば，最悪でも 3 万円得られる．くじ 3 の場合，確実に 3.5 万円
得られる．あなたはどのくじを選択するだろうか．前節と同様に単一目的の代替案の

選択であるが，このように結果に不確実性があると，意思決定者の不確実性に関する選好を考慮する必要が生じる．

2.2.1 ◆ 確率的優位性

　次のくじ4とくじ5を比較する．これらのくじには不確実性はあるが，意思決定者の選好を参照するまでもなく，明らかにくじ5が選択されるであろう．

くじ4　　さいころをふり，1の目が出たら1万円，2ならば2万円，3ならば3万円，4ならば4万円，5ならば5万円，6ならば6万円を得る．

くじ5　　さいころをふり，1の目が出たら3万円，2ならば4万円，3ならば5万円，4ならば6万円，5ならば7万円，6ならば8万円を得る．

　くじ4とくじ5の累積確率分布は図2.5のように描くことができる．たとえば，賞金が2万円以下になる確率はくじ4では1/3であるが，くじ5では0である．くじ4の累積確率分布はくじ5の累積確率分布の左にあり，くじ5が有利であることがわかる．

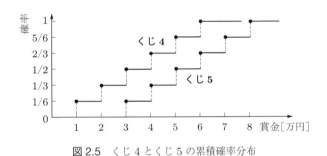

図 2.5　くじ4とくじ5の累積確率分布

　くじ4とくじ5の比較は，次のように一般化できる．代替案1の結果が累積確率分布 F^1，代替案2の結果が累積確率分布 F^2 で表現されるとする．図2.6のように，結果が金銭額 k 以下となる確率が代替案1の場合 $F^1(k) = p_k^1$ で，代替案2の場合 $F^2(k) = p_k^2$ となるとする．$p_k^1 > p_k^2$ なので，多くとも k しか金銭が得られない確率が，代替案1のほうが代替案2に比べて大きい．したがって，より多くの金銭が得られる確率は，代替案2のほうが大きくなる．金銭のように結果の値が大きいほうが好ましいのであれば，代替案2が代替案1よりも好まれるべきであろう．

　このような場合，代替案1は代替案2によって，確率的に支配される，あるいは確率的に優位であるといい，このような概念を**確率的優位性** (stochastic dominance) という．

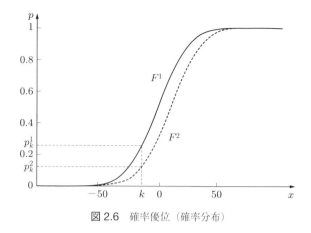

図 2.6　確率優位（確率分布）

代替案の比較に際して，確率的優位性がない場合，意思決定者の不確実性に関する選好の情報が必要となってくる．

2.2.2 ◆ 基本仮定によるくじの還元

(1) 基本仮定

最初に，不確定性を表現するくじの概念を導入する．一般に，n 種類の結果 c_i, $i = 1, \ldots, n$ がそれぞれ確率 p_i, $i = 1, \ldots, n$ で生起する離散的な確率分布を**くじ** (lottery) とよび，不確実性下の単一目的の意思決定問題では，合理的なくじの選択を取り扱う．このようなくじは

$$(p_1, c_1; \ldots; p_n, c_n) \tag{2.5}$$

と表現され，図的に表現すれば，図 2.7(a) のようになる．たとえば，さいころで奇数の目がでれば（確率 0.5 で起こる）1000 円の商品券をもらえて，偶数ならばティッシュ

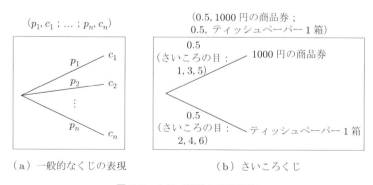

（a）一般的なくじの表現　　　　　（b）さいころくじ

図 2.7　くじ（離散的確率変数）

ペーパー1箱をもらえるくじならば,

$$(0.5, 1000 円の商品券;\ 0.5, ティッシュペーパー 1 箱)$$

となり,図的に表現すれば,図 2.7(b) のようになる.

さて,意思決定者の不確実性に関する選好の情報を利用し,意思決定問題を単純な問題に還元することによって,複数の代替案から合理的に一つの代替案を選択する方法を考える.そのために,基本的な仮定を Pratt, Raiffa and Schlaifer (1995) に従って与える.

基本仮定 1　単調性

　意思決定者は賞 W を賞 L よりも好んでいるとする.n 種類の等しく起こる結果をもつ試行があり,くじ 1 は,その中で n_1 種類の結果のうちの一つが生起すれば W を,そうでなければ L を与える.もう一つのくじ 2 は,n_2 種類の結果のうちの一つが生起すれば W を,そうでなければ L を与える.このとき,意思決定者がくじ 1 を選好するならば,$n_1 > n_2$ であり,逆も成り立つ.

単調性を図的に表現すれば,図 2.8 のようになる.この仮定は受け入れやすく,説得力があるだろう.

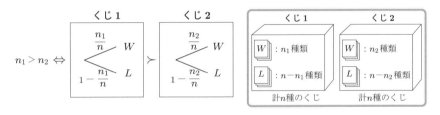

図 2.8　単調性

たとえば,図 2.9 に示すくじを考える.52 枚の 1 セットのトランプから 1 枚のカードを引く.くじ 1 では,赤のカード(ハートとダイヤモンド)を引けば 1000 円もらえ,それ以外であれば何も得られない.くじ 2 では,スペードのカードを引けば 1000 円もらえ,それ以外であれば何も得られない.2 つのくじを比較すると,意思決定者はをくじ 1 を選好するだろう.このことを単調性の観点から考えると,意思決定者がくじ 2 よりくじ 1 を選好するということは,赤のカードの枚数がスペードのカードの枚数より多いことを示している.逆に,赤のカードの枚数がスペードのカードの枚数より多ければ,くじ 2 よりくじ 1 を選好することを示している.

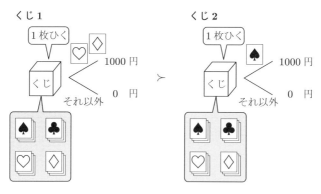

図 2.9 単調性の例

基本仮定 2 選好の数量化

c^* を起こりうる結果の中で最良の結果とし,c^0 を最悪の結果とする.意思決定者は自分の選好を数量化するために,確実にある結果 c を得ることと,確率 $\pi(c)$ で c^* を得て,それ以外で c^0 を得るくじが無差別となるような数値 $\pi(c)$ を示すことができる.このとき,$\pi(c)$ を結果 c の**効用** (utility) という.

選好の数量化を図的に表現すれば,図 2.10 のようになる.

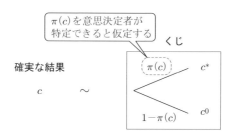

図 2.10 選好の数量化

この仮定を理解するために,次の状況を考えよう.

① 確実に 5000 円を得る.

② 確率 p で 10000 円を得て,$1 - p$ で何も得ないくじを引く.

一般に,②の確率が $p = 0$ ならば,意思決定者は①を好むはずである.逆に,$p = 1$ ならば,②を好むと考えられる.p の値を 0 から徐々に増やしていけば,①と②がちょうど同じくらい好ましいと思う $p = \pi$ の値があるだろうと考えられる.基本仮定 2 では,この値 π を意思決定者が指定できると仮定している.

このような確実な結果とくじの比較は，裁判や医療行為の選択など，現実社会の意思決定の場面でも見受けられる．たとえば，ある会社が特許侵害で訴訟を起こされているとする．弁護士は裁判で勝つ確率を 50% と評価しており，勝てば訴えは退けられ，敗れれば 1000 万円の支払いが見込まれる．原告（訴えた当事者）は 100 万円の示談を提案している．被告であるこの会社にとって，裁判か示談かの選択状況は，確実な結果とくじの比較であると解釈できる．

基本仮定 3　推移性

l^1, l^2, l^3 をそれぞれくじとする．意思決定者が三つのくじに関してある種の選好をもつならば，この選好は次の推移性を満たす．

(1)　$l^1 \sim l^2$ かつ $l^2 \sim l^3$ ならば，$l^1 \sim l^3$ である．

(2)　$l^1 \sim l^2$ かつ $l^2 \succ l^3$ ならば，$l^1 \succ l^3$ である．

推移性は，もっともらしく論理的で，矛盾のない行動のルールや原理の基礎を与える．しかし，推移性に関するこの基本仮定は，意思決定者の直観的な選好が推移的でなければならないと主張しているのではなく，意思決定者は自分の選好は推移的でありたい，あるいはそうあるべきだと考えることを要求している．

基本仮定 4　代替性

結果 A と結果 B が無差別ならば，A を含むくじ 1 に対して，A のかわりに B をもつくじ 2 は無差別である．

代替性を図的に表現すれば，図 2.11 のようになる．

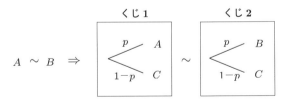

図 2.11　代替性

代替性は，結果 A と結果 B が無差別ならば，くじの構造が同じで賞として A があるくじとそれにかわって B が入ったくじは無差別であるという仮定である．

もとのくじの賞 A を確実な結果 $\hat{c}$ とし，A と無差別な賞 B をくじ $(q, c_1; 1 - q, c_2)$ とするならば，もとのくじ 1 が 1 段階のくじでも，A と B が入れ替えられたくじ 2

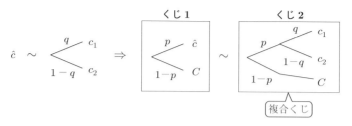

図 2.12　代替性と複合くじ

は図 2.12 のような 2 段階のくじ 2 になる．このような複数段階のくじを**複合くじ**という．

2 段階の複合くじは，たとえば図 2.13 のように，確率のかけ算で通常の 1 段階のくじに書きかえられる．ここで，2 段階のくじと 1 段階のくじが無差別であることが，暗黙的に仮定されているが，これは意思決定問題の表現の違いに対する不変性の仮定でもある．

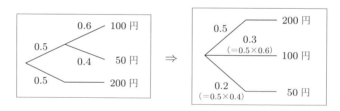

図 2.13　2 段階くじと等価な 1 段階くじ

(2) くじの選択

上記の四つの基本仮定に従えば，複数のくじから合理的に一つのくじを選択できることを，簡単な例を用いて示す．

◆ 例 2.1　くじの選択

表 2.3 に示されるくじ 1 とくじ 2 を比較する．くじ 1 は，つぼに 3 種類の球が合計 100 個入っている．黒球が 10 個，白球が 70 個，黄球が 20 個である．黒球を引けば，1000 円の支払い，白球は何もなし，黄球は 1000 円得られる．一方くじ 2 では，つぼに 2 種類の球が合計 100 個入っている．白球が 70 個，青球が 30 個である．白球を引いても何もなし，青球ならば 300 円得られる．どちらのくじを選択すべきか．ある特定の意思決定者を想定し，意思決定者の選好の情報を利用した選択の過程を示す．

くじ 1 で黒球，白球，黄球を引く確率はそれぞれ 10/100, 70/100, 20/100 であり，くじ 2 で白球，青球を引く確率はそれぞれ 70/100, 30/100 なので，くじ 1 とくじ 2 はそれぞれ

表 2.3　二つのくじの比較

(a) くじ 1		
色	球の数	賞金
黒	10 個	−1000 円
白	70 個	0 円
黄	20 個	1000 円

(b) くじ 2		
色	球の数	賞金
白	70 個	0 円
青	30 個	300 円

$$\text{くじ 1:}\quad \left(黒:\frac{10}{100},-1000;\ 白:\frac{70}{100},0;\ 黄:\frac{20}{100},1000\right)$$

$$\text{くじ 2:}\quad \left(白:\frac{70}{100},0;\ 青:\frac{30}{100},300\right)$$

と表現される．また，図的表現を用いれば，図 2.14 のようにも表現できる．

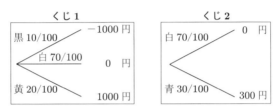

図 2.14　くじの図的表現

基本仮定 2（選好の数量化）に従い，くじの賞金である −1000 円，0 円，300 円，1000 円を評価する．最良の結果として，$c^* = 1000$ を設定し，最悪の結果として，$c^0 = -1000$ を設定する．図 2.15 のように，$c = -1000, 0, 300, 1000$ に対して，確率 $\pi(-1000), \pi(0), \pi(300), \pi(1000)$ を評価した結果，意思決定者は

$$\pi(-1000) = 0, \qquad \pi(0) = 0.6, \qquad \pi(300) = 0.8, \qquad \pi(1000) = 1$$

と回答したとする．

次に，基本仮定 4（代替性）に従い，くじ 1 とくじ 2 は図 2.16 のように，それぞれくじ 1′ とくじ 2′ に変換できる．さらに，2 段階の複合くじであるくじ 1′ とくじ 2′ は確率のか

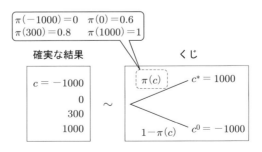

図 2.15　選好の数量化

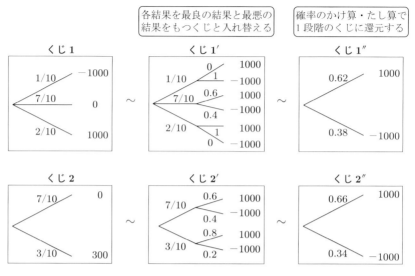

図 2.16　くじの等価な変換

け算で，通常の1段階のくじであるくじ1″とくじ2″に変換できる．たとえば，くじ1″
において，1000円を得る確率は，

$$\frac{1}{10} \times 0 + \frac{7}{10} \times 0.6 + \frac{2}{10} \times 1 = 0.62$$

と計算できる．

　くじ1″とくじ2″を比較すると，最良の結果である1000円を得る確率は，くじ1″よ
りくじ2″のほうが大きい．よって，基本仮定1（単調性）から，くじ2″がくじ1″より
好ましいことがわかる．つまり，

　　　　　くじ2″ ≻ くじ1″

となり，さらに

　　　　　くじ1″ ～ くじ1′，　　くじ1′ ～ くじ1
　　　　　くじ2″ ～ くじ2′，　　くじ2′ ～ くじ2

から，基本仮定3（推移性）より，

　　　　　くじ2 ≻ くじ1

が結論として得られる．

　例2.1のように，基本仮定1から4に従えば，一般のくじは最良の結果 c^* と最悪の
結果 c^0 をもつ二項くじに還元され，最良の結果 c^* をもたらす確率が最大のくじを選
択すべきであることがわかる．

この結果は次のように一般化できる.

基本仮定 1 から 4 に従えば, 確率 p_i^1 で結果 c_i^1, $i = 1, \ldots, n^1$ を得るくじ l^1 と確率 p_i^2 で結果 c_i^2, $i = 1, \ldots, n^2$ を得るくじ l^2, すなわち

$$l^1 = (p_1^1, c_1^1; \ \ldots; \ p_{n^1}^1, c_{n^1}^1), \qquad l^2 = (p_1^2, c_1^2; \ \ldots; \ p_{n^2}^2, c_{n^2}^2) \qquad (2.6)$$

に対して, 各結果 c_i^1, c_i^2 にそれぞれ効用 $\pi(c_i^1)$, $\pi(c_i^2)$ が評価されれば,

$$\left. \begin{aligned} l^1 \succ l^2 &\quad \Leftrightarrow \quad \sum_{i=1}^{n^1} p_i^1 \pi(c_i^1) > \sum_{i=1}^{n^2} p_i^2 \pi(c_i^2) \\ l^1 \sim l^2 &\quad \Leftrightarrow \quad \sum_{i=1}^{n^1} p_i^1 \pi(c_i^1) = \sum_{i=1}^{n^2} p_i^2 \pi(c_i^2) \\ l^1 \prec l^2 &\quad \Leftrightarrow \quad \sum_{i=1}^{n^1} p_i^1 \pi(c_i^1) < \sum_{i=1}^{n^2} p_i^2 \pi(c_i^2) \end{aligned} \right\} \qquad (2.7)$$

が成り立つ.

$\pi(c)$ を結果 c の効用とよぶので, 上記の関係は効用の期待値, すなわち**期待効用** (expected utility) が大きいくじを選択すべきこと主張している. したがって, このようなくじ (離散的確率変数) の選択は, 期待効用最大化に基づいているといえる. また, 人々が期待効用を最大化するように行動するという仮説は, **期待効用仮説**とよばれ, この仮説を行動の原則ととらえるとき, **期待効用最大化原理**とよぶことにする.

(3) 事象くじ

これまで考察してきたくじは $(p_1, c_1; \ \ldots; \ p_n, c_n)$ と表現されるように, 結果 c_i には確率 p_i が付与されていた. しかし, ビジネスなどで比較しなければならない不確実性をともなう代替案は, 表 2.4 のように事象と結果のペアで表されるくじであることが多い. 契約 1 では, ある工事が予定通りに完了できれば, 1000 万円得られ, 遅れが

表 2.4 契約方式の比較

(a) 契約 1

事象 (プロジェクトの完了時期)	結果 (得られる収入)
S_1^1: 予定どおり	1000 万円
S_2^1: 1 か月未満の遅れ	200 万円
S_3^1: 1 か月以上の遅れ	0 円

(b) 契約 2

事象	結果
S_1^2: 予定どおり	900 万円
S_2^2: 半月未満の遅れ	400 万円
S_3^2: 半月以上 1 か月未満の遅れ	200 万円
S_4^2: 1 か月以上の遅れ	0 円

生じても，1 か月未満に完了すれば，200 万円得られる．しかし，1 か月以上の遅れであれば，何も得られない．契約 2 についても同様である．

契約 2 は契約 1 に比べて，予定どおりの場合の収入は少ないが，半月遅延の場合の違約金が少なく，その分収入が多くなっている．

ここで，区別するために，結果 c_i に確率 p_i が付与されたくじを**確率くじ**とよび，結果 c_i に事象 S_i が付与されたくじを**事象くじ**とよぶことにする．

これまでの方法，すなわち期待効用最大化の選択原理に基づくためには，事象 S_1^1（予定どおり）や事象 S_2^1（1 か月未満の遅れ）の確率を評価しなければならない．そのために，次の基本仮定を導入する．

基本仮定 5　判断の数量化

S_0 を事象とし，c^* を起こりうる結果の中で最良の結果とし，c^0 を最悪の結果とする．このとき，意思決定者は，

① S_0 が生起すれば c^* を受け取り，そうでなければ c^0 を受け取る権利

② 確率 $P(S_0)$ で c^* を与え，それ以外で c^0 を与えるくじ

の二つが無差別であるような 0 と 1 の間の数値 $P(S_0)$ を指定することによって，自己の S_0 に関する判断を数量化できる．このとき，$P(S_0)$ を事象 S_0 の**判断確率**という．

基本仮定 5 は，図 2.17 に示されるように，意思決定者が事象 S_0 に確率 $P(S_0)$ を対応付けることができることを仮定している．つまり，判断確率 $P(S_0)$ は，意思決定者が評価した事象 S_0 が生起する確率である．

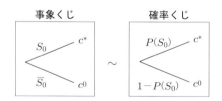

図 2.17　判断の数量化

この仮定を理解するために，次のスポーツゲームとそれに対応するくじを考えよう．

① チーム A がチーム B に勝てば，10000 円得られる．

② 確率 p で 10000 円を得て，$1-p$ で何も得られないくじを引く．

一般に，意思決定者は②の確率が $p=0$ ならば，①を好むはずである．逆に，$p=1$ ならば，②を好むと考えられる．p の値を 0 から徐々に増やしていけば，①と②がちょ

うど同じくらい好ましいと思う $p = P$ の値があるだろうと考えられる．基本仮定5で
は，この値 P を意思決定者が指定できると仮定している．

◆ **例 2.2 事象くじの選択**

表2.4に示された契約1と契約2を比較し，意思決定者の選好の情報を利用した合理的
な選択の例を示す．2種類の契約に対して，基本仮定5（判断の数量化）に従って，各事象
に意思決定者が評価した判断確率を追加し，さらに基本仮定2（選好の数量化）に基づい
て，各結果に意思決定者が評価した効用の値を追加すれば，表2.4はたとえば表2.5のよ
うに書きかえられる．

表 2.5 判断確率に従う契約方式の比較

(a) 契約1

事象	判断確率	結果	結果の効用
S_1^1: 予定どおり	$P(S_1^1) = 0.8$	1000 万円	$\pi(1000) = 1$
S_2^1: 1か月未満の遅れ	$P(S_2^1) = 0.15$	200 万円	$\pi(200) = 0.45$
S_3^1: 1か月以上の遅れ	$P(S_3^1) = 0.05$	0 円	$\pi(0) = 0$

(b) 契約2

事象	判断確率	結果	結果の効用
S_1^2: 予定どおり	$P(S_1^2) = 0.8$	900 万円	$\pi(900) = 0.98$
S_2^2: 半月未満の遅れ	$P(S_2^2) = 0.1$	400 万円	$\pi(400) = 0.70$
S_3^2: 半月から1か月未満の遅れ	$P(S_3^2) = 0.05$	200 万円	$\pi(200) = 0.45$
S_4^2: 1か月以上の遅れ	$P(S_4^2) = 0.05$	0 円	$\pi(0) = 0$

このように，意思決定者が各事象に対する判断確率と各結果に対する効用を評価すれば，
確率くじの場合と同様に，事象くじである契約1と契約2の期待効用は次のように計算で
きる．

$$契約 1 : P(S_1^1)\pi(1000) + P(S_2^1)\pi(200) + P(S_3^1)\pi(0)$$
$$= 0.8 \times 1 + 0.15 \times 0.45 + 0.05 \times 0 = 0.8675$$
$$契約 2 : P(S_1^2)\pi(900) + P(S_2^2)\pi(400) + P(S_3^2)\pi(200) + P(S_4^2)\pi(0)$$
$$= 0.8 \times 0.98 + 0.1 \times 0.7 + 0.05 \times 0.45 + 0.05 \times 0 = 0.8765$$

この場合，契約1の期待効用が0.8675で，契約2が0.8765なので，基本仮定1から5に
従うならば，意思決定者は契約2を選択すべきである．

例2.2のように，基本仮定5に従えば，各事象に対する判断確率を評価できて，確
率くじの選択と同様に事象くじの選択が可能になる．一般化すると，次のように表現
できる．

基本仮定 1 から 5 に従えば，事象 S_i^1 が生起したときに結果 c_i^1, $i = 1, \dots, n^1$ を与える事象くじ l^1 と，事象 S_i^2 が生起したときに結果 c_i^2, $i = 1, \dots, n^2$ を与える事象くじ l^2，すなわち

$$l^1 = (S_1^1, c_1^1; \ \dots; \ S_{n^1}^1, c_{n^1}^1), \qquad l^2 = (S_1^2, c_1^2; \ \dots; \ S_{n^2}^2, c_{n^2}^2) \qquad (2.8)$$

に対して，各事象 S_i^1, S_i^2 にそれぞれ判断確率 $P(S_i^1)$, $P(S_i^1)$ が評価され，各結果 c_i^1, c_i^2 にそれぞれ効用 $\pi(c_i^1)$, $\pi(c_i^2)$ が評価されれば

$$\left.\begin{array}{lll}
l^1 \succ l^2 & \Leftrightarrow & \displaystyle\sum_{i=1}^{n^1} P(S_i^1)\pi(c_i^1) > \sum_{i=1}^{n^2} P(S_i^2)\pi(c_i^2) \\[3ex]
l^1 \sim l^2 & \Leftrightarrow & \displaystyle\sum_{i=1}^{n^1} P(S_i^1)\pi(c_i^1) = \sum_{i=1}^{n^2} P(S_i^2)\pi(c_i^2) \\[3ex]
l^1 \prec l^2 & \Leftrightarrow & \displaystyle\sum_{i=1}^{n^1} P(S_i^1)\pi(c_i^1) < \sum_{i=1}^{n^2} P(S_i^2)\pi(c_i^2)
\end{array}\right\} \qquad (2.9)$$

が成り立つ.

2.3 ◆ 効用関数

2.3.1 ◆ 効用の線形変換と効用関数の定義

c^* を起こりうる結果の中で最良の結果とし，c^0 を最悪の結果とする．前節で示した基本仮定 2（選好の数量化）に従えば，確実にある結果 c を得ることと，確率 $\pi(c)$ で c^* を得てそれ以外で c^0 を得るくじが，無差別となるような数値 $\pi(c)$ を意思決定者は示すことができる．すなわち，

$$c \sim \big(\pi(c), c^*; \ 1 - \pi(c), \ c^0\big) \qquad (2.10)$$

を満たす $\pi(c)$ を指定できる．この関係から，結果 c_i と c_j に対して，

$$c_i \succ c_j \quad \Rightarrow \quad \pi(c_i) > \pi(c_j) \qquad (2.11)$$

となることは明らかである．つまり，意思決定者が c_i を c_j より好ましいと考えるならば，c_i と無差別なくじ $\big(\pi(c_i), c^*; \ 1 - \pi(c_i), \ c^0\big)$ における最良の結果 c^* を得る確率 $\pi(c_i)$ は，c_j と無差別なくじ $\big(\pi(c_j), c^*; \ 1 - \pi(c_j), \ c^0\big)$ における $\pi(c_j)$ より大きいはずである．この意味で，$\pi(c)$ は c の好ましさを表しており，効用と考えられる．

一般に，結果 c_i に対して，

$$u(c_i) = a\pi(c_i) + b, \quad a > 0 \tag{2.12}$$

のように，効用に正の線形変換を施しても，u での c_i の順位は π での順位と変わらない．したがって，π と同様に u も効用であり，π と u の関係から，効用は正の線形変換まで一意的であるということができる．くじ $(p_1, c_1; \ldots; p_n, c_n)$ の期待効用も線形であり，

$$\sum_{i=1}^{n} p_i u(c_i) = \sum_{i=1}^{n} p_i \{a\pi(c_i) + b\}$$
$$= a\sum_{i=1}^{n} p_i\pi(c_i) + b\sum_{i=1}^{n} p_i = a\sum_{i=1}^{n} p_i\pi(c_i) + b \tag{2.13}$$

の関係から，π および u のどちらを用いても，くじの順序付けは変わらない．

定義 2.3　効用関数

u を，結果 c から実数 $u(c)$ に対応付ける関数とする．確率 p_i^1 で結果 c_i^1，$i = 1, \ldots, n^1$ を得るくじ l^1，確率 p_i^2 で結果 c_i^2，$i = 1, \ldots, n^2$ を得るくじ l^2，すなわち，任意の二つのくじ

$$l^1 = (p_1^1, c_1^1; \ldots; p_{n^1}^1, c_{n^1}^1), \qquad l^2 = (p_1^2, c_1^2; \ldots; p_{n^2}^2, c_{n^2}^2) \tag{2.14}$$

に関して，

$$U^1 = \sum_{i=1}^{n^1} p_i^1 u(c_i^1), \qquad U^2 = \sum_{i=1}^{n^2} p_i^2 u(c_i^2) \tag{2.15}$$

とするとき，くじ l^1 と l^2 に対して

$$\left.\begin{array}{ccc} U^1 > U^2 & \Leftrightarrow & l^1 \succ l^2 \\ U^1 = U^2 & \Leftrightarrow & l^1 \sim l^2 \\ U^1 < U^2 & \Leftrightarrow & l^1 \prec l^2 \end{array}\right\} \tag{2.16}$$

となるならば，u は効用関数であるという．

---

u_1 が効用関数ならば，任意の正の定数 a と定数 b に対して，関数 $u_2 = au_1 + b$ も効用関数となる．このように効用関数が正の線形変換まで一意であるという性質から，基本仮定 2（選好の数量化）による確率 $\pi(c)$ を直接利用せず，この $\pi(c)$ と $u = a\pi + b$ を満たす別の効用関数 u を用いて，u に関する期待効用の最大値をもつ行動を選択で

きる.

一般に,効用関数 u が確率的な意味をもつことを示す.ある効用関数 u と $c^0 \leq c^1 \leq c \leq c^2 \leq c^*$ を満たす結果 c^1, c, c^2 に対して,確実にある結果 c を得ることと,確率 α で c^2 を得て,それ以外で c^1 を得るくじが無差別となることを仮定する.この関係から,

$$u(c) = \alpha u(c^2) + (1 - \alpha)u(c^1)$$

を得る.このとき,$u(c^2) = 1$ および $u(c^1) = 0$ のように設定すれば,$u(c) = \alpha$ となり,

$$c \sim (\alpha, c^2;\ 1 - \alpha, c^1) = (u(c), c^2;\ 1 - u(c), c^1)$$

の関係を得る.したがって,このように適切なスケールを設定すれば,$u(c)$ が確率的な意味をもつことがわかる.

2.3.2 ♦ リスク態度

金銭的な結果に対する効用関数を考えよう.これまでは結果の記号を c と表現してきたが,ここでは金銭額の結果を表す記号として x を用いる.くじ $l = (p_1, x_1;\ \ldots;\ p_n, x_n)$ に対して,このくじと無差別となる確実な金銭額 $CE(l)$,つまり

$$CE(l) \sim l = (p_1, x_1;\ \ldots;\ p_n, x_n) \tag{2.17}$$

が成立するような $CE(l)$ は,**確実（金銭）同値額** (certainty (cash) equivalence) とよばれる.効用関数 u を用いれば,上記の無差別関係から

$$u(CE(l)) = \sum_{i=1}^{n} p_i u(x_i) \tag{2.18}$$

となる.

意思決定者が現在保有している資産を基準として,意思決定する場合を考える.このとき,意思決定者がくじ l を所有していることが,そうでないことより好まれるな

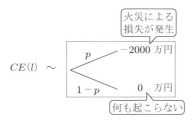

図 2.18 火災と保険

らば，$CE(l) > 0$ であり，望ましくないならば，$CE(l) < 0$ である．$CE(l) < 0$ となるくじ l は債務と考えられ，$-CE(l)$ は保険料と解釈できる．たとえば，非常に小さい確率 p で火災が生じ，損失が 2000 万円で，それ以外の確率 $1 - p$ で何も起こらないとする．この状態は，確率 p で 2000 万円を支払い，確率 $1 - p$ で何も起こらないくじ l と考えることができる（図 2.18 参照）．このくじ l の $CE(l)$ は明らかに負であり，2000 万円を支払うリスクを回避するためには，$-CE(l)$ 以上の保険料を支払ってもよいかもしれない．

(1) リスク中立的

くじのような確率分布で表現されるリスクに対する意思決定者の態度を**リスク態度**という．このリスク態度と効用関数の形状の関係について考察する．効用関数 u が線形であれば，最良の結果（金銭額）が x^* で，最悪の結果が x^0 とすると，

$$u(x) = \frac{x - x^0}{x^* - x^0}$$

と書ける．別の効用関数 w が u と

$$w(x) = au(x) + b$$

の関係にあるとする．このとき，$a = x^* - x^0$，$b = x^0$ とおけば，

$$w(x) = au(x) + b = (x^* - x^0)\frac{x - x^0}{x^* - x^0} + x^0 = x$$

となり，金銭額 x 自身が有効な効用の指標となる．つまり，金銭額 x そのものを効用値と考えることができる．

くじ $l = (p_1, x_1; \ldots; p_n, x_n)$ に対して，

$$EMV(l) = \sum_{i=1}^{n} p_i x_i \tag{2.19}$$

を**期待金銭額** (expected monetary value) EMV とよぶ．効用関数が線形ならば，確実同値額 CE は期待金銭額 EMV と等しい．すなわち，無差別関係より $u(CE(l)) = \sum_{i=1}^{n} p_i u(x_i)$ であるが，線形の効用関数を考え，$u(x) = ax + b$ とおくと

$$u(CE(l)) = \sum_{i=1}^{n} p_i u(x_i)$$

$$aCE(l) + b = \sum_{i=1}^{n} p_i(ax_i + b) = aEMV(l) + b$$

となり，

$$CE(l) = EMV(l) \qquad\qquad (2.20)$$

である．このことは，結果が x^0 から x^* の間で起こり，この区間の任意の 2 点のくじの評価を意思決定者が期待金銭額で行うならば，行動の選択に期待金銭額を用いるべきであるということを意味する．リスクに対するこのような態度をリスク中立的 (risk neutral) という．

(2) St. Petersburg のパラドックス

大企業においては，多くの決定が日々なされている．そのような日々の意思決定問題では，決定の回数が多いので，期待金銭額を最大化する方針に基づいて行動すると考えられるが，個人の問題では決定の回数は多くないので，必ずしも期待金銭額を最大化することにならない．そのような個人（意思決定者）の選好について考察する．

期待金銭額の最大化に関しては，St. Petersburg のパラドックスがよく知られている．表が出るまでコインを投げ続ける賭けを考える．1 回目で表が出れば 2 円，2 回目で出れば 4 円，一般に n 回目で出れば，2^n 円の賞金が得られるとする．この賭けの期待金銭額は次のように計算できて，無限大となる．

$$\left(\frac{1}{2}\right)2 + \left(\frac{1}{2}\right)^2 2^2 + \left(\frac{1}{2}\right)^3 2^3 + \cdots + \left(\frac{1}{2}\right)^n 2^n + \cdots = \sum_{i=1}^{\infty}\left(\frac{1}{2}\right)^i 2^i = \infty$$

このとき，金銭額を効用と考えると，この賭けに参加する価値は無限大となる．あるいは，たとえば参加費が 10 万円のような大きな額であってもこの賭けに参加すべきという結論に達し，一般の人々の感覚に合わないだろう．そこで，効用関数として

$$u(x) = \log x$$

を採用すると，この賭けの期待効用は

$$\frac{1}{2}\log 2 + \left(\frac{1}{2}\right)^2 \log 2^2 + \left(\frac{1}{2}\right)^3 \log 2^3 + \cdots + \left(\frac{1}{2}\right)^n \log 2^n + \cdots$$
$$= \left\{\frac{1}{2} + \left(\frac{1}{2}\right)^2 2 + \left(\frac{1}{2}\right)^3 3 + \cdots + \left(\frac{1}{2}\right)^n n + \cdots\right\}\log 2$$
$$= 2\log 2 = \log 4$$

となり，4 円の効用と等しくなる．この場合，賭けの参加費としては 10 万円のような大金よりも 4 円のほうが相応しいと考えられる．

(3) リスク回避的

一般的に，賭けや投機に慎重な人をリスク回避的であるという．たとえば，確率 0.5 で 10 万円を得て，確率 0.5 で何も得られないくじを考える．このくじの期待金銭額は

5万円である．ある意思決定者がこのくじを引く権利と5万円を確実に得ることのどちらを好むかを尋ねられたところ，くじを引いた場合何も得られないというリスクがあるので，5万円を確実に得るほうを好むと答えたとする．この種のさまざまなくじに対して同じような選択をする意思決定者をリスク回避的といい，次にその定義を与える．

定義 2.4　リスク回避的

$x^0 \leq x^1 \leq x^2 \leq x^*$ となる任意の x^1 と x^2 に対して，任意のくじ $l = (p, x^2;\ 1-p, x^1)$ よりも，その期待金銭額 $EMV(l) = px^2 + (1-p)x^1$ のほうが好ましいあるいは無差別，すなわち

$$EMV(l) = px^2 + (1-p)x^1 \succsim l = (p, x^2;\ 1-p, x^1) \qquad (2.21)$$

となるような意思決定者のくじに対する選好（リスク態度）を，**リスク回避的** (risk averse) であるという（図 2.19 参照）．

期待金銭額　　　　くじ

図 2.19　リスク回避的

くじ l とその確実同値額は無差別なので，

$$EMV(l) \geq CE(l) \qquad (2.22)$$

のとき，意思決定者はリスク回避的であるといえる．選好関係や数値の大小関係が強意（$\succ$, $>$）ならば，強意リスク回避的という．

u をリスク回避的な意思決定者の効用関数とすると，式 (2.21) より，

$$u\left(px^2 + (1-p)x^1\right) \geq pu(x^2) + (1-p)u(x^1) \qquad (2.23)$$

となる．一般に，任意の $0 < p < 1$ に対して，式 (2.23) を満たす関数 u は**凹関数** (concave function) とよばれ，図 2.20 のような形状を示す．式 (2.23) が常に不等号 $>$ で満たされるならば，関数 u は強意凹関数とよばれる．このことから，意思決定者が（強意）リスク回避的であれば，効用関数 u は（強意）凹関数であり，逆も成り立つ．

任意のくじ l に対して，その期待金銭額 $EMV(l)$ が負の場合，選好がリスク回避的である条件に -1 倍すれば

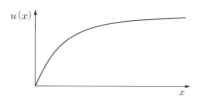

図 2.20 凹関数である効用関数

$$-EMV(l) \leq -CE(l)$$

となる. $-CE(l)$ を保険料として解釈するとき, くじの期待金銭値 $-EMV(l)$ より大きいか等しい保険料を支払う人の選好はリスク回避的であるといえる. たとえば, 今後 1 年のうちに自宅が火事になる確率を 0.0001 とし, 自宅の価値を 1000 万円とする. この場合の火事による損失額の期待値は $0.0001 \times 10000000 = 1000$ 円である. 1 年間の火災保険料が 1000 円より高額の, たとえば 2000 円とすると, この保険に入る人はリスク回避的である.

(4) リスク受容的

リスク回避とは逆の行為, つまり賭けや投機を好む人々のリスクに対する態度をリスク受容的であるといい, 次にその定義を与える.

定義 2.5 リスク受容的

$x^0 \leq x^1 \leq x^2 \leq x^*$ となる任意の x^1 と x^2 に対して, 任意のくじ $l = (p, x^2;\ 1-p, x^1)$ がその期待金銭額 $EMV(l) = px^2 + (1-p)x^1$ よりも好ましいあるいは無差別, すなわち

$$EMV(l) = px^2 + (1-p)x^1 \precsim l = (p, x^2;\ 1-p, x^1)$$

となる意思決定者のくじに対する選好を**リスク受容的** (risk prone) であるという (図 2.21 参照).

リスク回避的の場合と同様に,

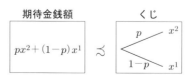

図 2.21 リスク受容的

$$EMV(l) \leq CE(l) \tag{2.24}$$

のとき，意思決定者はリスク受容的であるといえる．選好関係や数値の大小関係が強意 $(\prec, <)$ ならば，強意リスク受容的という．

u を意思決定者の効用関数とすると，意思決定者の選好がリスク受容的であるとき，

$$u\left(px^2 + (1-p)x^1\right) \leq pu(x^2) + (1-p)u(x^1) \tag{2.25}$$

となる．一般に，任意の $0 < p < 1$ に対して，式 (2.25) を満たす関数 u は**凸関数** (convex function) とよばれ，図 2.22 のような形状を示す．式 (2.25) が常に不等号 $<$ で満たされるならば，関数 u は強意凸関数とよばれる．このことから，意思決定者が（強意）リスク受容的であれば，効用関数 u は（強意）凸関数であり，逆も成り立つ．

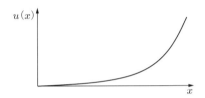

図 2.22 凸関数である効用関数

(5) リスクプレミアムとリスク回避問題

リスク態度を特徴付ける概念として，次に定義するリスクプレミアムがある．

定義 2.6 リスクプレミアム

$x^0 \leq x^1 \leq x^2 \leq x^*$ となる任意の x^1 と x^2 とくじ $l = (p, x^2; 1-p, x^1)$ に対して，

$$RP(l) = EMV(l) - CE(l) \tag{2.26}$$

とするとき，$RP(l)$ をくじ l に対する**リスクプレミアム** (risk premium) という．

リスクプレミアムが図 2.23 のように

$$RP(l) > 0$$

ならば，意思決定者はリスク回避的である．EMV はくじの期待値で CE はくじと同価値なので，$RP(l)$ は，くじ l を避けるために進んで支払う金銭額と解釈できる．

リスク回避の程度はリスクプレミアムによって表される．すなわち，リスクプレミアムが大きいほど，よりリスク回避的である．さらに，任意の金銭額 x に対する局所

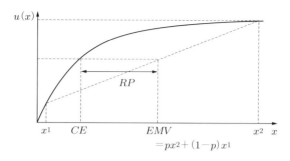

図 2.23 リスクプレミアム

的なリスク回避の度合いは，次に定義するリスク回避関数によって表現される．

定義 2.7 リスク回避関数

x での局所的なリスク回避度を，**リスク回避関数**

$$r(x) = -\frac{u''(x)}{u'(x)} \qquad (2.27)$$

によって定義する．ここで，u' と u'' はそれぞれ効用関数 u の一階および二階微分である．

リスク回避的か受容的かは $u''(x)$ の符号で判断できるが，同じリスクプレミアムをもつ異なる効用関数に対して，リスク回避の度合いを適切に表現するためには，$u''(x)$ だけでは困難である．すなわち，$u_2 = au_1 + b, a > 0$ の関係を満たす二つの効用関数 u_1, u_2 に対して，同じ尺度を与えなければならない．$u_2 = au_1 + b$ を微分すると

$$u_2' = au_1', \qquad u_2'' = au_1''$$

なので，

$$\frac{u_2''}{u_2'} = \frac{u_1''}{u_1'}$$

となり，$r(x) = -u''(x)/u'(x)$ が適切な指標であることがわかる．

すべての x に対して $r(x) > 0$ ならば，$u(x)$ は凹関数で，意思決定者はリスク回避的である．逆に，すべての x に対して $r(x) < 0$ ならば，$u(x)$ は凸関数で，意思決定者はリスク受容的である．また，二つの効用関数 u_1, u_2 に対して，それぞれのリスク回避関数を $r_1(x), r_2(x)$ とし，リスクプレミアムを RP_1, RP_2 とする．このとき，任意の x に対して $r_1(x) > r_2(x)$ ならば，任意のくじ l に対して，

$$RP_1(l) > RP_2(l)$$

である.

　たとえば, 二つの効用関数を

$$u_1(x) = a - b\exp(-0.2x)$$
$$u_2(x) = c - d\exp(-0.1x)$$

とすると, リスク回避関数は

$$r_1(x) = 0.2$$
$$r_2(x) = 0.1$$

である. ここで, a, b, c, d はパラメータである. このとき, $r_1(x) > r_2(x)$ となっており, 図 2.24 に示すように $RP_1 > RP_2$ となる.

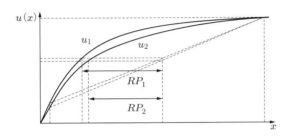

図 2.24　リスク回避関数の性質

　効用関数 $u_1(x) = a - b\exp(-0.2x)$ のリスク回避関数は $r_1(x) = 0.2$ となり, 定数である. このような効用関数は, x の大きさにかかわらずリスク回避関数の値が一定で, **一定型リスク回避的**とよばれる.

　しかし, 多くの人々は, 資産 x が増すにつれてリスクに対して少額のリスクプレミアムしか支払わなくなる傾向がある. すなわち, リスクを避けるための支出は差し控えるようになる. このような選好は, リスク回避的であるとともに, 任意のくじに対するリスクプレミアムが x の増加につれて減少するという性質があり, **減少型リスク回避的**とよばれる. 減少型リスク回避的効用関数の例として, 次のような対数関数や指数関数の和で表現される関数形がある.

$$u_1(x) = \log(x + a)$$
$$u_2(x) = -\exp(-bx) - c\exp(-dx)$$

ここで, a, b, c, d はパラメータである. 対応するリスク回避関数は

$$r_1(x) = \frac{1}{x + a}$$

$$r_2(x) = \frac{b^2 \exp(-bx) + cd^2 \exp(-dx)}{b \exp(-bx) + cd \exp(-dx)}$$

である.

逆に，リスク回避的であるとともに，任意のくじに対するリスクプレミアムが x の増加につれて増加する選好は**増加型リスク回避的**とよばれ，次のような関数が例として考えられる.

$$u(x) = -ax^2 + bx + c, \quad a > 0, \ b > 0, \ x < \frac{b}{2c}$$

対応するリスク回避関数は

$$r(x) = \frac{2a}{-2ax + b}$$

である.

図 2.25 に，例として次の一定型リスク回避的，増加型リスク回避的，減少型リスク回避的（対数），減少型リスク回避的効用関数（指数和）のグラフを示す.

(a) $u(x) = -1.6 \exp(-0.5x) + 1$

(b) $u(x) = \dfrac{1}{3}(-2x^2 + 7x - 3)$

(c) $u(x) = \log(x + 2) - 0.3$

(d) $u(x) = \dfrac{1}{2.2}[\{-1.6 \exp(-0.5x) + 1\} + 1.2\{-1.6 \exp(-0.3x) + 1\}]$

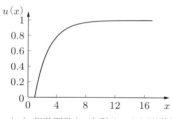
（a）指数関数(一定型リスク回避的)

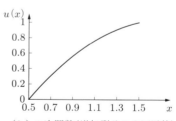
（b）2次関数(増加型リスク回避的)

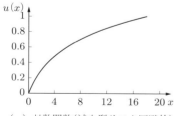
（c）対数関数(減少型リスク回避的)

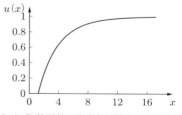
（d）指数関数の和(減少型リスク回避的)

図 2.25　効用関数の例

効用関数を同定する方法は次節で紹介するが，応用的な観点からは，一定型リスク回避的な関数であれば，指数型効用関数 $u(x) = -a \exp(-bx) + c$ が，減少型リスク回避的な関数であれば，指数関数の和の関数 $u(x) = -a \exp(-bx) - c \exp(-dx) + e$ が実用的である．

2.4 効用関数の同定

2.4.1 ♦ くじを用いた効用関数の同定

期待効用最大化に従う意思決定を現実の問題に適用するためには，意思決定者の選好を適切に表現する効用関数を同定しなければならない．そのために，意思決定者への質問を通して，効用関数が通るいくつかの点を定める必要がある．その質問には，図 2.26 に示すような，二つの結果をもつくじとその確実同値額が用いられる．

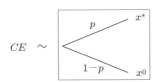

図 2.26　効用関数の同定のための質問

図 2.26 からわかるように，この質問には結果の最大値 x^*，最小値 x^0，確率 p，確実同値額 CE の四つのパラメータが含まれる．効用関数の定義から，くじの期待効用と確実同値額の効用値は等しいので，

$$u(CE) = pu(x^*) + (1-p)u(x^0)$$

を得る．$u(x^*) = 1$，$u(x^0) = 0$ とおけば，

$$u(CE) = p$$

となる．すなわち，最良の結果 x^* と最悪の結果 x^0 をもつくじに対応する確実同値額 CE の効用値は，確率 p に等しい．

くじと対応する確実同値額の無差別関係から，効用関数の点を定めるには，次の二つの方法がある．

① くじのパラメータ x^*, x^0, p を与えて，意思決定者に確実同値額 CE を尋ねる（図 2.27(a) 参照）．
② くじのパラメータ x^*, x^0，確実同値額 CE を与えて，意思決定者に確率 p を尋ねる（図 2.27(b) 参照）．

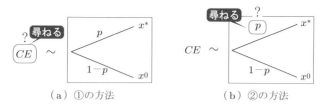

（a）①の方法 （b）②の方法

図 2.27 効用関数の点の決定方法

(1) 確実同値額を尋ねる手法 1

意思決定者に確実同値額 CE を尋ねる方法①に基づいて，効用関数の点を5点程度定め，それらをつなぎ合わせることによって効用関数を同定する．$u(x^*) = 1$, $u(x^0) = 0$ とおいているので，2点 $(x^*, 1), (x^0, 0)$ がすでに得られている．

図 2.28(a) に示すように，最初にくじ $l^{0.5} = (0.5, x^*;\ 0.5, x^0)$ と無差別となる確実同値額 $x^{0.5}$ を意思決定者から聞き出す．この結果，

$$u(x^{0.5}) = 0.5u(x^*) + 0.5u(x^0) = 0.5 \times 1 + 0.5 \times 0 = 0.5$$

から，点 $(x^{0.5}, 0.5)$ を得る．第2の質問として，図 2.28(b) のように，くじ $l^{0.25} = (0.5, x^{0.5};\ 0.5, x^0)$ と無差別となる確実同値額 $x^{0.25}$ を意思決定者から聞き出す．この結果，

$$u(x^{0.25}) = 0.5u(x^{0.5}) + 0.5u(x^0) = 0.5 \times 0.5 + 0.5 \times 0 = 0.25$$

から，点 $(x^{0.25}, 0.25)$ を得る．第3の質問として，図 2.28(c) のように，くじ $l^{0.75} = (0.5, x^*;\ 0.5, x^{0.5})$ と無差別となる確実同値額 $x^{0.75}$ を意思決定者から聞き出す．この結果，

$$u(x^{0.75}) = 0.5u(x^*) + 0.5u(x^{0.5}) = 0.5 \times 1 + 0.5 \times 0.5 = 0.75$$

から，点 $(x^{0.75}, 0.75)$ を得る．この時点で，5点 $(x^0, 0), (x^{0.25}, 0.25), (x^{0.5}, 0.5), (x^{0.75}, 0.75), (x^*, 1)$ が得られたことになる．必要に応じて質問を追加すれば，効用関数が通るほかの点が得られる．最終的に得られた点を結び合わせることによって，効用関数を同定できる．

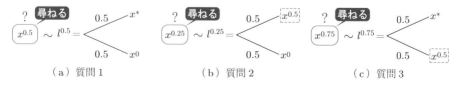

（a）質問1 （b）質問2 （c）質問3

図 2.28 確実同値額 CE を尋ねる効用関数の同定方法（確率固定）

　なお，上述のように効用関数が通るいくつかの点が得られたとしても，意思決定者による一連の回答に一貫性や整合性があるかどうかを確認する必要がある．たとえば，くじ $(0.5, x^{0.75}; \ 0.5, x^{0.25})$ と無差別となる確実同値額 CE は，くじ $l^{0.5} = (0.5, x^{*}; \ 0.5, x^{0})$ と無差別となる確実同値額 $x^{0.5}$ とほぼ同じとなるべきであるが，これらに大きな差異があれば，最初に評価した $x^{0.5}$ か，新たに評価したくじ $(0.5, x^{0.75}; \ 0.5, x^{0.25})$ と無差別となる CE，あるいは第 2 の質問での回答 $x^{0.25}$ や第 3 の質問での回答 $x^{0.75}$ の値を見直す必要がある．

　この方法の特徴（長所と短所）は次のようにまとめられる．

- **長所**：くじの確率が 0.5 と 0.5 なので，コイントスのように直観的に理解しやすい．
- **短所**：第 1 の質問で得られた回答 $x^{0.5}$ を次の質問で利用するので，仮に回答した $x^{0.5}$ に判断のミスがあれば，第 2 の質問以降の回答に影響を与えてしまう．

(2) 確実同値額を尋ねる手法 2

　確実同値額 CE を尋ねる別の方法もある．この方法では図 2.29 に示すように，くじの結果は最大値 x^{*} と最小値 x^{0} に固定し，確率 p をかえて，意思決定者に確実同値額を聞き出す．この図では，くじの確率の値として，$p = 0.25, 0.5, 0.75$ が設定されている．

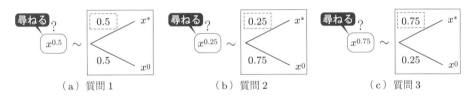

図 2.29　確実同値額 CE を尋ねる効用関数の同定方法（結果固定）

　この方法においても，$u(x^{*}) = 1$，$u(x^{0}) = 0$ なので，2 点 $(x^{*}, 1), (x^{0}, 0)$ が得られる．第 1 の質問の $p = 0.5$ の場合は確率を 0.5 に固定する (1) の手法と同じ質問になり，図 2.29(a) のように，くじ $(0.5, x^{*}; \ 0.5, x^{0})$ と無差別となる確実同値額 $x^{0.5}$ を意思決定者から聞き出す．この結果，

$$u(x^{0.5}) = 0.5u(x^{*}) + 0.5u(x^{0}) = 0.5 \times 1 + 0.5 \times 0 = 0.5$$

から，点 $(x^{0.5}, 0.5)$ を得る．第 2 の質問として，図 2.29(b) のように，$p = 0.25$ のとき，くじ $(0.25, x^{*}; \ 0.75, x^{0})$ と無差別となる確実同値額 $x^{0.25}$ を意思決定者から聞き出す．この結果，

$$u(x^{0.25}) = 0.25u(x^*) + 0.75u(x^0) = 0.25 \times 1 + 0.75 \times 0 = 0.25$$

から, 点 $(x^{0.25}, 0.25)$ を得る. 第 3 の質問として, 図 2.29(c) のように, $p = 0.75$ のとき, くじ $(0.75, x^*; 0.25, x^0)$ と無差別となる確実同値額 $x^{0.75}$ を意思決定者から聞き出す. この結果,

$$u(x^{0.75}) = 0.75u(x^*) + 0.25u(x^0) = 0.75 \times 1 + 0.25 \times 0 = 0.75$$

から, 点 $(x^{0.75}, 0.75)$ を得る. この時点で, 5 点 $(x^0, 0)$, $(x^{0.25}, 0.25)$, $(x^{0.5}, 0.5)$, $(x^{0.75}, 0.75)$, $(x^*, 1)$ が得られたことになる. これらの点を結び合わせることで, 効用関数を同定する.

この方法の特徴（長所と短所）は次のようにまとめられる.

- **長所**：くじの結果は最大値 x^* と最小値 x^0 に固定されているので, 結果のイメージがしやすい.
- **長所**：意思決定者の回答を次の質問に利用しないので, 仮に回答に判断のミスがあっても, 次の回答に影響を与えない.
- **短所**：質問用のくじの確率として, 直観的に理解しにくい 0.5 以外の確率も使用しなければならない.

(3) 確率を尋ねる手法

意思決定者に確率 p を尋ねる方法②に基づいて, 効用関数を同定する. この方法では図 2.30 に示すように, くじの結果は最大値 x^* と最小値 x^0 に固定され, 確実同値額として結果の値の分位点が設定される. そして, この無差別関係を成立させるくじの確率 p を意思決定者から聞き出す. この図の例では, 確実同値額として結果の上下限の中点, 25%分位点, 75%分位点が設定されている.

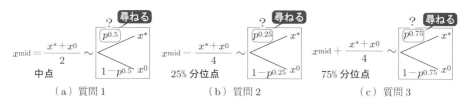

図 2.30　確率 p を尋ねる効用関数の同定方法

p を尋ねる方法においても, $u(x^*) = 1$, $u(x^0) = 0$ なので, 2 点 $(x^*, 1)$, $(x^0, 0)$ が得られる. 最初の質問では, くじ $(p^{0.5}, x^*; (1 - p^{0.5}), x^0)$ と $x^{\mathrm{mid}} = (x^* + x^0)/2$ が無差別となる確率 $p^{0.5}$ を意思決定者から聞き出す. この結果,

$$u\left(\frac{x^* + x^0}{2}\right) = p^{0.5}u(x^*) + (1 - p^{0.5})u(x^0) = p^{0.5}$$

から，点 $((x^* + x^0)/2, p^{0.5})$ を得る．第 2 の質問では，くじ $(p^{0.25}, x^*; (1 - p^{0.25}), x^0)$ と $x^{\mathrm{mid}} - (x^* + x^0)/4 = (x^* + x^0)/4$ が無差別となる確率 $p^{0.25}$ を意思決定者から聞き出す．この結果，

$$u\left(\frac{x^* + x^0}{4}\right) = p^{0.25}u(x^*) + (1 - p^{0.25})u(x^0) = p^{0.25}$$

から，点 $((x^* + x^0)/4, p^{0.25})$ を得る．第 3 の質問では，くじ $(p^{0.75}, x^*; (1 - p^{0.75}), x^0)$ と $x^{\mathrm{mid}} + (x^* + x^0)/4 = 3(x^* + x^0)/4$ が無差別となる確率 $p^{0.75}$ を意思決定者から聞き出す．この結果，

$$u\left(3\frac{x^* + x^0}{4}\right) = p^{0.75}u(x^*) + (1 - p^{0.75})u(x^0) = p^{0.75}$$

から，点 $(3(x^* + x^0)/4, p^{0.75})$ を得る．この時点で，5 点 $(x^0, 0)$, $((x^* + x^0)/4, p^{0.25})$, $((x^* + x^0)/2, p^{0.5})$, $(3(x^* + x^0)/4, p^{0.75})$, $(x^*, 1)$ が得られたことになる．これらの点を結び合わせることで，効用関数を同定する．

この方法の特徴（長所と短所）は次のようにまとめられる．

- **長所**：くじの結果は最大値 x^* と最小値 x^0 に固定されているので，結果のイメージがしやすい．
- **長所**：意思決定者の回答を次の質問に利用しないので，仮に回答に判断のミスがあっても，次の回答に影響を与えない．
- **短所**：無差別関係を成立させるくじの確率 p を回答することが困難である．

経験の乏しい意思決定者が上記のような無差別点を回答することは，一般には困難である．そこで，以下の手順と図 2.31 にみるように，無差別点を導出するために，答えやすい質問を繰り返し，最終的に無差別点を定める方法が実際的である．まず，x を $x^0, x^1, x^2, \ldots, x^{*-2}, x^{*-1}, x^*$ と細かく分割する．

質問 1 くじ $(0.5, x^*; 0.5, x^0)$ と x^1 のどちらを選好するかを質問する．

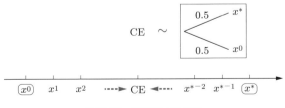

図 2.31 無差別点の導出

　　　　　　　想定される回答: $(0.5, x^*; \ 0.5, x^0)$

質問 2　　くじ $(0.5, x^*; \ 0.5, x^0)$ と x^{*-1} のどちらを選好するかを質問する.
　　　　　　　想定される回答: x^{*-1}

質問 3　　くじ $(0.5, x^*; \ 0.5, x^0)$ と x^2 のどちらを選好するかを質問する.
　　　　　　　想定される回答: $(0.5, x^*; \ 0.5, x^0)$

質問 4　　くじ $(0.5, x^*; \ 0.5, x^0)$ と x^{*-2} のどちらを選好するかを質問する.
　　　　　　　想定される回答: x^{*-2}

質問 5　　$\cdots\cdots$　（続く）

終了　　　くじ $(0.5, x^*; \ 0.5, x^0)$ と x^k が無差別になったところで $CE = x^k$ とする.

　(1)〜(3) の手法のうちどの手法を用いるかは，取り扱う問題や意思決定者の経験に依存しており，長所と短所を指摘したうえで，意思決定者がもっとも判断しやすいと考える手法を採用すべきであり，ある特定の手法がもっとも扱いやすいとは一般にはいえない.

◆ 例 2.3　効用関数の同定

　数値例として，結果の最小値と最大値を

$$x^0 = 0, \qquad x^* = 1000$$

とし，結果を固定して確実同値額を意思決定者から聞き出していく方法（(1) の方法）を適用する．最初に，最良の結果 x^* と最悪の結果 x^0 をそれぞれ確率 0.5 で与えるくじと無差別となる確実同値額 $x^{0.5}$ を意思決定者から聞き出し，

$$l^{0.5} = (0.5, x^*; \ 0.5, x^0) \sim x^{0.5} = 220$$

が得られたとする．さらに，第 2，第 3 の質問から

$$l^{0.25} = (0.5, x^{0.5}; \ 0.5, x^0) \sim x^{0.25} = 100$$
$$l^{0.75} = (0.5, x^*; \ 0.5, x^{0.5}) \sim x^{0.75} = 500$$

が得られたとする．この回答から，次の 5 点が得られたことになる．

$$(x, u) = (0, 0), (100, 0.25), (220, 0.5), (500, 0.75), (1000, 1)$$

この 5 点を直線で結んだ区分的線形効用関数は図 2.32 のように表現される．あるいは，これらの点を手描きで滑らかに結ぶことで，滑らかな効用関数を同定できる．

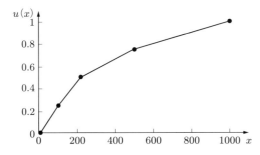

図 2.32 区分的線形効用関数（区分的に定義され，各区分が線形の関数）

2.4.2 ♦ 効用関数の型の仮定

くじに対する確実同値額を意思決定者から聞き出すことによって，効用関数を同定できることを説明したが，いくつかの得られた点をつなぎ合わせて効用関数を作成すると，ほかの点の効用値を知りたいときに，すべてその曲線から読み取らなければならない．さらに，確率が連続の場合は積分の計算となるので，期待効用を計算することが困難となる．

得られた点をつなぎ合わせる方法ではなく，効用関数に対して指数型や対数型など特定の関数型をあらかじめ仮定し，そのパラメータを決定することにより，効用関数を同定することもできる．この方法であれば，上記の問題点を解決できる．さらに，減少型リスク回避性のようなリスク態度を特定することで，関数型の選択肢を意思決定者の選好にあわせて限定できる．

特定の関数型を仮定する場合の効用関数の型の評価の手続きは，次のようになる．図 2.33 にフローチャートを示す．

Step 1 効用関数 $u(x)$ が増加または減少関数かを明らかにする．効用関数の定義域を $[x^0, x^*]$ とする．任意の $x^i, x^j \in [x^0, x^*]$ に対して，x^i が x^j より大きいとき，常に x^i が x^j より選好されるかどうか，すなわち $x^i > x^j \Rightarrow x^i \succ x^j$ であるかどうかを尋ねる．回答が肯定的ならば，効用関数 $u(x)$ は単調増加である．逆に，$x^i > x^j \Rightarrow x^i \prec x^j$ ならば，単調減少である．

Step 2 効用関数 $u(x)$ が単調増加であるとする．任意の $x \in [x^0, x^*]$ と r に対して，確実な結果 x をくじ $(0.5, x + r; \ 0.5, x - r)$ より選好するかどうかを意思決定者に尋ねる．回答が肯定的ならば，意思決定者の選好はリスク回避的であり，効用関数 $u(x)$ は凹関数である．逆に，くじを選好するならば，意思決定者はリスク受容的であり，効用関数 $u(x)$ は凸関数である．

Step 3 効用関数 $u(x)$ が単調増加であり，意思決定者の選好がリスク回避的であ

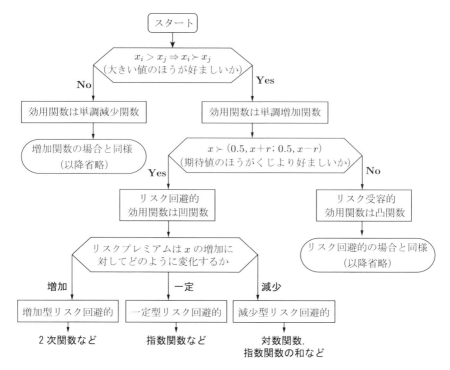

図 2.33 効用関数の評価の手続き

るとする．効用関数の定義域 $[x^0, x^*]$ 内の等間隔の点列 x^i を考える．このとき，任意の i に対して $x^{i+1} - x^i = x^i - x^{i-1}$ となる．くじ $(0.5, x^{i+1}; \ 0.5, x^{i-1})$ の確実同値額 CE_{x^i} を特定する．リスクプレミアム $(x^i - CE_{x^i})$ が i の増加に対して減少するかどうかを尋ねる．回答が肯定的ならば，意思決定者は減少型リスク回避的である．仮に，確実同値額 CE_{x^i} が正確に見積もられなくても，リスクプレミアム $(x^i - CE_{x^i})$ が増加するのか減少するのかを確認すればよい．また，増加するならば，増加型リスク回避的であり，変わらなければ一定型リスク回避的である．

◆ 例 2.4　関数型を仮定した効用関数の同定

例 2.3 と同じ $u(x)$ について考える．

(1) 上述の Step 1 から Step 3 の質問を通じて，効用関数は増加関数であり，意思決定者のリスク態度が一定型リスク回避的であったとする．このとき，パラメータ a, b, c をもつ指数型効用関数

$$u(x) = -a \exp(-bx) + c$$

の利用が可能である. 例 2.3 では, 関数の点として次の 5 点

$$(x, u) = (0, 0), (100, 0.25), (220, 0.5), (500, 0.75), (1000, 1)$$

が得られているが, $u(x) = -a \exp(-bx) + c$ の場合, パラメータの数が 3 であるので, 5 点のうち 3 点 $(0, 0), (220, 0.5), (1000, 1)$ があれば, パラメータ a, b, c を決定できる. すなわち, 次の三つの方程式が得られる.

$$0 = -a + c \qquad ((0, 0) \text{ より得られる})$$
$$0.5 = -a \exp(-220b) + c \qquad ((220, 0.5) \text{ より得られる})$$
$$1 = -a \exp(-1000b) + c \qquad ((1000, 1) \text{ より得られる})$$

上式を満たす a, b, c は, Excel などを用いれば容易に計算できる. 実際に計算すると

$$a = 1.0576, \qquad b = 0.0029, \qquad c = 1.0576$$

となり, 関数は図 2.34(a) に示される. この図に示されるように, 指数型効用関数

$$u(x) = -1.0576 \exp(-0.0029x) + 1.0576$$

は 3 点 $(0, 0), (220, 0.5), (1000, 1)$ を通っているが, 明らかに残りの 2 点 $(100, 0.25)$, $(500, 0.75)$ は通らない.

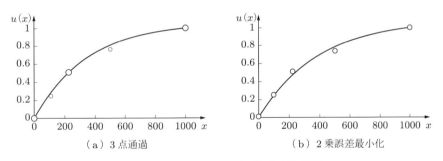

（a）3 点通過　　　　　　　　　　　（b）2 乗誤差最小化

図 2.34 一定型リスク回避的指数型効用関数

そこで今度は, 評価したすべての点にできるだけ近くなる関数を考える. $(0, 0)$ と $(1000, 1)$ を通り, 評価した 3 点 $(100, 0.25), (220, 0.5), (500, 0.75)$ を 2 乗誤差最小化の意味でもっとも満たすような指数型関数は,

$$0 = -a + c$$
$$1 = -a \exp(-1000b) + c$$

を満足し,

$$\{a - b \exp(-100c) - 0.5\}^2 + \{a - b \exp(-220c) - 0.5\}^2$$
$$+ \{a - b \exp(-500c) - 0.5\}^2$$

を最小にするパラメータをもつ. そのようなパラメータ a, b, c は

$$a = 1.0802, \qquad b = 0.0026, \qquad c = 1.0802$$

であり, 関数は図 2.34(b) に示されるとおりである.

図 2.34(a) の関数は 3 点 $(0, 0), (220, 0.5), (1000, 1)$ を通っており, 図 2.34(b) の関数は 2 点 $(0, 0), (1000, 1)$ を通り, 3 点 $(100, 0.25), (220, 0.5), (500, 0.75)$ に対して 2 乗誤差の意味でもっとも近い関数である.

(2) 次に, 効用関数が増加関数で, 減少型リスク回避的であったとする. 減少型リスク回避的効用関数は, たとえば

$$u(x) = -a \exp(-bx) - c \exp(-dx) + e$$

のように指数関数の和で表現できる. この関数には五つのパラメータがあるので, 意思決定者からうまく 5 点を聞き出せば, その 5 点を通る関数を同定できるが, 必ずしも一般には適合しない. そのような場合, 指数関数の和に適合するように意思決定者の回答を誘導するか, 図 2.34(b) の関数と同様に, 2 乗誤差の意味でもっとも近い関数のパラメータをみつけることになる.

たとえば, 上述の 5 点は指数関数の和で表現された減少型リスク回避的効用関数 $u(x) = -a \exp(-bx) - c \exp(-dx) + e$ に整合しないが, 二つ目の点を $(100, 0.25)$ から $(80, 0.25)$ に変更した 5 点

$$(x, u) = (0, 0), (80, 0.25), (220, 0.5), (500, 0.75), (1000, 1)$$

は, パラメータを

$$a = 0.385696, \qquad b = 0.007813, \qquad c = 1.067575$$
$$d = 0.000857, \qquad e = 1.453270$$

のように設定すれば, それらを通る関数が得られる[†]. 関数の形状は図 2.35 に示されるとおりである.

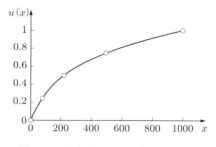

図 2.35 減少型リスク回避的効用関数

[†] このパラメータを得るために, 筆者らが開発したプログラム MIDASS (Seo *et al.*, 2007) を利用した.

判断の数量化と確率

2.2 節で基本仮定 5 の判断の数量化を導入したが，この節では事象 S に対する判断確率 $P(S)$ の評価について，いくつかの手法や概念を紹介する．

2.5.1 ♦ 判断確率

一般に，事象はそれを構成する部分に分割できるが，ある事象がもはや分割できない場合，その事象を**根元事象** (elementary event) とよぶ．有限の根元事象 $s_1, \ldots, s_m$ があるとする．このとき，S をすべての根元事象の集合とし，基本仮定 5（判断の数量化）を認めるならば，意思決定者に対してある事象 S_i，$S_i \subset S$ に確率を割り当てることを要求することになる．すなわち，未知の真の根元事象 (as-yet-unknown true elementary event) を $\tilde{s}$ とすると，未知の根元事象 $\tilde{s}$ がある事象 S_i に属している，つまり $\tilde{s} \in S_i$ となる確率 $P(\tilde{s} \in S_i)$ を評価できると仮定している．簡略的に書けば，確率 $P(S_i)$ を事象 S_i に割り当てることを仮定している．このような確率は，**判断確率** (judgmental probability) や**主観確率** (subjective probability) とよばれ，次の条件を満たす．

2.2 節で示した五つの基本仮定を受け入れるならば，判断確率 P は次の性質を満たす．ただし，S をすべての根元事象の集合とする．

(1) 任意の事象 S_i，$S_i \subset S$ に対して，$P(S_i) \geq 0$ である．

(2) $P(S) = 1$ である．

(3) 事象 S_i が事象 S_j と相互に分離的（または等価的に，事象 S_i と事象 S_j が相互に排他的），すなわち，$S_i \cap S_j = \emptyset$ ならば，

$$P(S_i \cup S_j) = P(S_i) + P(S_j)$$

である．

---

(1) は基本仮定 5（判断の数量化）から明らかで，(2) は同様に $(S, c^*;\ \emptyset, c^0)$ と $(1, c^*;\ 0, c^0)$ が対応することから示される．(3) については，基本仮定 1, 3, 4, 5 を用いることにより示される．また，これらの条件は抽象確率における公理に対応しており，その場合の関数 P は確率測度とよばれる．

後の例 2.5, 2.6 で具体例をみるように，意思決定者は S のすべての部分集合に確率を割り当てるよりも，経験的に直接評価できるいくつかの事象に対して確率を割り当て，残りの部分は性質 (1), (2), (3) を用いて確率を割り当てるほうが望ましい．

意思決定者が S のすべての部分集合に確率を直接的あるいは間接的に評価していれば，$\tilde{s} \in S_i$ の条件のもとで，$\tilde{s} \in S_j$ となる確率，すなわち，**条件付き確率** (conditional probability) $P(S_j \mid S_i)$ は

$$P(S_j \mid S_i) = \frac{P(S_i \cap S_j)}{P(S_i)} \tag{2.28}$$

から計算される．ここで，事象 S_i と事象 S_j が同時に生起する確率 $P(S_i \cap S_j)$ は**同時確率** (joint probability) とよばれる．

式 (2.28) で示される関係は意思決定の観点からは，図 2.36 のように，くじ 1 とくじ 2 が無差別となるような確率 $P(S_i \mid S_j)$ を意思決定者が評価することを意味する．ただし，$\bar{S}_j$ は S_j の余事象とする．

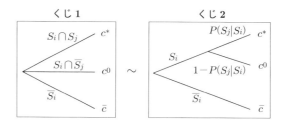

図 2.36　意思決定における条件付き確率

この無差別関係から，くじ 1 の期待効用

$$P(S_i \cap S_j)\pi(c^*) + P(S_i \cap \bar{S}_j)\pi(c^0) + P(\bar{S}_i)\pi(\bar{c})$$
$$= P(S_i \cap S_j) + P(\bar{S}_i)\pi(\bar{c})$$

とくじ 2 の期待効用

$$P(S_i)P(S_j \mid S_i)\pi(c^*) + P(S_i)\{1 - P(S_j \mid S_i)\}\pi(c^0) + P(\bar{S}_i)\pi(\bar{c})$$
$$= P(S_i)P(S_j \mid S_i) + P(\bar{S}_i)\pi(\bar{c})$$

が等しくなり，その結果

$$P(S_i \cap S_j) = P(S_i)P(S_j \mid S_i)$$

が得られる．このとき，$P(S_i) > 0$ ならば，$P(S_j \mid S_i) = P(S_i \cap S_j)/P(S_i)$ が得られる．

この条件付き確率の関係から，意思決定者にとって評価しやすい確率を用いてほかの確率を計算できることを，例を用いて説明する．

◆ **例 2.5　条件付き確率を用いた確率の評価：学生の成績**

　新しく設立された経営学大学院に所属する学生の TOEIC の得点が 700 点以上である確率を評価したい．この確率を直接評価することは困難であるが，関連する確率は比較的評価しやすいことがわかっている．経営学大学院に入学した学生の構成は，文科系学部を卒業した学生が 60% で理科系が 40% である．学生が文科系学部を卒業しているという事象を L で表し，理科系学部を卒業しているという事象を S で表すと，

$$P(L) = 0.6, \qquad P(S) = 0.4$$

である．また，文科系および理科系学部の学生の TOEIC の得点が 700 点以上である確率は，過去の統計から，それぞれ 50% と 30% であることがわかっているとする．学生の TOEIC の得点が 700 点以上であるという事象を T と表すと，上記の条件付き確率は

$$P(T \mid L) = 0.5, \qquad P(T \mid S) = 0.3$$

となる．条件付き確率の関係式から

$$P(T) = P(T \cap L) + P(T \cap S) = P(T \mid L)P(L) + P(T \mid S)P(S)$$
$$= 0.5 \times 0.6 + 0.3 \times 0.4 = 0.42$$

と計算でき，経営学大学院に所属する学生の TOEIC の得点が 700 点以上である確率は 42% であるといえる．このように，比較的評価しやすい所属学生の出身学部の比率や各学部での成績情報を用いることによって，直接評価することが困難である経営学大学院の学生の TOEIC の得点が 700 点以上である確率を計算できる．

　もう一つの例として，製造会社の試験製造の成否と本格製造での修理に関する確率を評価しよう．

◆ **例 2.6　条件付き確率を用いた確率の評価：生産に関する確率**

　ある製造会社は本格的な製造（本格製造とよぶことにする）の前に試験製造を行い，その結果を参考に本格製造を行っている．この 2 段階の製造工程での事象は以下のように要約できる．

- 試験製造を行い，その結果が成功である事象 Z_1
- 試験製造を行い，その結果が失敗である事象 Z_2
- 最終的な結果として，本格製造が順調である事象 S_1
- 最終的な結果として，本格製造が不調で，設備の大修理が必要な事象 S_2

この企業の製造責任者は，それぞれの事象の単独の確率（事前確率）

$$P(S_j), \quad P(Z_i), \quad i = 1, 2, \ j = 1, 2$$

および，条件付き確率

$$P(Z_i \mid S_j), \quad P(S_j \mid Z_i), \quad i = 1, 2, \ j = 1, 2$$

を評価したいと考えている.

　過去のデータや類似産業の公開された製造情報から比較的見積もりやすいという観点から，本格製造が順調である事象の確率 $P(S_1)$，本格製造が順調である場合で試験製造の結果が失敗であった確率 $P(Z_2 \mid S_1)$，本格製造で設備の大修理が必要である場合で試験製造の結果が成功であった確率 $P(Z_1 \mid S_2)$ を，意思決定者が次のように直接評価したと仮定する.

$$P(S_1) = 0.85, \qquad P(Z_2 \mid S_1) = 0.2, \qquad P(Z_1 \mid S_2) = 0.1$$

ここで，評価した条件付き確率 $P(Z_2 \mid S_1)$, $P(Z_1 \mid S_2)$ は，試験製造の結果とその結果により予想される最終的な結果が逆になっているので，見込みがはずれた場合と解釈できる.

　上記の確率 $P(S_1)$, $P(Z_2 \mid S_1)$, $P(Z_1 \mid S_2)$ 以外の確率は，計算によって得ることができる. 試験製造の結果と最終的な結果はそれぞれ二つの結果しかないので，上記の余事象として次の確率がただちに計算できる.

$$P(S_2) = 1 - 0.85 = 0.15$$

$$P(Z_1 \mid S_1) = 1 - 0.2 = 0.8, \qquad P(Z_2 \mid S_2) = 1 - 0.1 = 0.9$$

条件付き確率と同時確率の関係式

$$P(Z_i \cap S_j) = P(Z_i \mid S_j)P(S_j)$$

から，四つの同時確率は

$$P(Z_1 \cap S_1) = P(Z_1 \mid S_1)P(S_1) = 0.8 \times 0.85 = 0.68$$

$$P(Z_1 \cap S_2) = P(Z_1 \mid S_2)P(S_2) = 0.1 \times 0.15 = 0.015$$

$$P(Z_2 \cap S_1) = P(Z_2 \mid S_1)P(S_1) = 0.2 \times 0.85 = 0.17$$

$$P(Z_2 \cap S_2) = P(Z_2 \mid S_2)P(S_2) = 0.9 \times 0.15 = 0.135$$

となる. 試験製造の結果の確率 $P(Z_i)$, $i = 1, 2$ は，同時確率から

$$P(Z_1) = P(Z_1 \cap S_1) + P(Z_1 \cap S_2) = 0.68 + 0.015 = 0.695$$

$$P(Z_2) = P(Z_2 \cap S_1) + P(Z_2 \cap S_2) = 0.17 + 0.135 = 0.305$$

となる. 試験製造の結果 Z_i が与えられたときの本格製造の結果 S_j の条件付き確率は

$$P(S_j \mid Z_i) = \frac{P(Z_i \cap S_j)}{P(Z_i)}$$

と表せるので，

$$P(S_1 \mid Z_1) = \frac{P(Z_1 \cap S_1)}{P(Z_1)} = \frac{0.68}{0.695} = 0.978$$

$$P(S_2 \mid Z_1) = \frac{P(Z_1 \cap S_2)}{P(Z_1)} = \frac{0.015}{0.695} = 0.022$$

$$P(S_1 \mid Z_2) = \frac{P(Z_2 \cap S_1)}{P(Z_2)} = \frac{0.17}{0.305} = 0.557$$

$$P(S_2 \mid Z_2) = \frac{P(Z_2 \cap S_2)}{P(Z_2)} = \frac{0.135}{0.305} = 0.443$$

と計算できる.

$P(S_1 \mid Z_1)$ は,試験製造の結果が成功 (Z_1) の条件のもとで本格製造が順調 (S_1) である条件付き確率である.$P(S_1 \mid Z_1) = 0.978$ なので,試験製造が成功すれば,本格製造がほとんど順調であることを示している.$P(S_2 \mid Z_1)$ は,試験製造の結果が成功 (Z_1) の条件のもとで本格製造で設備の大修理が必要 (S_2) である条件付き確率である.$P(S_2 \mid Z_1) = 0.022$ なので,試験製造が成功した場合,本格製造が不調であることはほとんどないことを示している.

$P(S_1 \mid Z_2)$ は,試験製造の結果が失敗 (Z_2) の条件のもとで本格製造が順調 (S_1) である条件付き確率であり,$P(S_2 \mid Z_2)$ は,試験製造の結果が失敗 (Z_2) の条件のもとで本格製造で設備の大修理が必要 (S_2) である条件付き確率であり,それぞれ 0.557 と 0.443 である.この結果は,試験製造の結果が失敗 (Z_2) であれば,必ずしも本格製造が不調であるとはいえない(確率 0.557 で順調)が,やはりかなりの割合(確率 0.443)で不調となることを示している.

したがって,この結果から,製造責任者は試験製造が成功すれば,そのまま本格製造に入れるが,失敗であれば,何らかの対策が必要であることがわかる.

例 2.6 の関係を一般化する.$\{Z_1, \ldots, Z_m\}$ と $\{S_1, \ldots, S_n\}$ を全体集合 U の異なる 2 種類の分割とすると,各要素の関係は表 2.6 のように表形式で表現できる.この表において,表の周辺部に示された確率 $P(Z_i), P(S_j)$ は

$$P(Z_i) = \sum_{j=1}^{n} P(Z_i \cap S_j), \quad i = 1, \ldots, m \tag{2.29}$$

$$P(S_j) = \sum_{i=1}^{m} P(Z_i \cap S_j), \quad j = 1, \ldots, n \tag{2.30}$$

表 2.6　同時確率と周辺確率

	S_1	$\cdots$	S_j	$\cdots$	S_n	周辺確率
Z_1	$P(Z_1 \cap S_1)$	$\cdots$	$P(Z_1 \cap S_j)$	$\cdots$	$P(Z_1 \cap S_n)$	$P(Z_1)$
$\vdots$	$\vdots$		$\vdots$		$\vdots$	$\vdots$
Z_i	$P(Z_i \cap S_1)$	$\cdots$	$P(Z_i \cap S_j)$	$\cdots$	$P(Z_i \cap S_n)$	$P(Z_i)$
$\vdots$	$\vdots$		$\vdots$		$\vdots$	$\vdots$
Z_m	$P(Z_m \cap S_1)$	$\cdots$	$P(Z_m \cap S_j)$	$\cdots$	$P(Z_m \cap S_n)$	$P(Z_m)$
周辺確率	$P(S_1)$	$\cdots$	$P(S_j)$	$\cdots$	$P(S_n)$	1

を満たし, **周辺確率** (marginal probability) とよばれる. 周辺確率 $P(Z_i)$ は, 事象 S_j にかかわりのない事象 Z_i のみの確率を表す.

上記のように同時確率と周辺確率が得られているならば, 条件付き確率は式 (2.28) より次のように計算できる.

$$P(Z_i \mid S_j) = \frac{P(Z_i \cap S_j)}{P(S_j)} \quad (P(S_j) > 0 \text{ のとき}) \tag{2.31}$$

$$P(S_j \mid Z_i) = \frac{P(Z_i \cap S_j)}{P(Z_i)} \quad (P(Z_i) > 0 \text{ のとき}) \tag{2.32}$$

仮に, 同時確率 $Z_i \cap S_j$ が得られていなくても, 周辺確率 $P(S_j)$ と条件付き確率 $P(Z_i \mid S_j)$ が得られていれば,

$$P(Z_i \cap S_j) = P(Z_i \mid S_j)P(S_j)$$

により, 同時確率 $P(Z_i \cap S_j)$ は計算できる. このように計算した同時確率 $P(Z_i \cap S_j)$ から, 周辺確率 $P(Z_i)$ は

$$P(Z_i) = \sum_{j=1}^{n} P(Z_i \cap S_j) = \sum_{j=1}^{n} P(S_j)P(Z_i \mid S_j)$$

のように得られる. したがって, S_j と Z_i の順序が逆の条件付き確率 $P(S_j \mid Z_i)$ は

$$P(S_j \mid Z_i) = \frac{P(Z_i \cap S_j)}{P(Z_i)} = \frac{P(S_j)P(Z_i \mid S_j)}{\displaystyle\sum_{j=1}^{n} P(S_j)P(Z_i \mid S_j)} \tag{2.33}$$

となる. この関係は条件付き確率の**ベイズ定理** (Bayes' theorem) とよばれる.

この定理は, ある事象 S の確率 $P(S)$ を評価したときに, 異なる事象 Z の確率 $P(Z)$ および事象 S のもとでの条件付き確率 $P(Z \mid S)$ が得られたら, 事象 S の確率は $P(S)$ から事象 Z のもとでの条件付き確率 $P(S \mid Z)$ に更新されることを意味している. たとえば, ある海外の空港で日本人をみかけたとき, その人が広島県人 (住民票が広島県内の市町村にある) である事象 H の確率は, 日本人の人口比率で $P(H)$ と評価できる. さらに, その人に話しかけて言葉が広島弁であったとすると, この情報を得れば, その人が広島県人である確率は上昇するはずである. 日本人で広島弁を話す人の確率を $P(Z)$ とし, 広島県人で広島弁を話す人の条件付き確率を $P(Z \mid H)$ とすると, その人が広島県人である確率は $P(H \mid Z) = P(H)P(Z \mid H)/P(Z)$ のように更新される. 仮に $P(H) = 0.0225$, $P(Z) = 0.022$, $P(Z \mid H) = 0.8$ とすると, $P(H \mid Z) = P(H)P(Z \mid H)/P(Z) = 0.0225 \times 0.8/0.022 = 0.8182$ となり, その人が広島県人である確率は最初の人口比 $P(H) = 0.0225$ に比べてかなり高くなる.

2.5.2 ◆ 意思決定における確率

　意思決定問題における離散的および連続的確率変数の評価をそれぞれ考える．たと えば，スーパーマーケットのある日の商品の売上数量や，製造会社では製品の 10000 個あたりの不良品数などが興味の対象となる．意思決定者にとって，これらの数量は 未知である．そのような未知量を $\tilde{x}$ と表す．

　商品の売上数量を $\tilde{x}$ とすると，$\tilde{x}$ は離散的である．「売上数量が 100 個である」と いう事象は $\tilde{x} = 100$ と表現される．区間の集合 $X_1 = [90, 120]$ に対して，「売上数量 が X_1 に属している」という事象は $\tilde{x} \in X_1$ と表現される．また，「売上数量が 80 個 以上である」という事象は $\tilde{x} \geq 80$ として表現される．

　別の例として，特定の地域の人々の体重を未知量 $\tilde{x}$ と考えると，体重は離散的な値 をとらず，連続的に分布するので，$\tilde{x}$ は離散的ではなく，連続的である．$\tilde{x}$ が連続であ るとき，たとえば「体重が 60kg ちょうどである」，すなわち $\tilde{x} = 60$ となる事象に確 率は割り当てられない．連続的な場合には，たとえば「体重が 60kg 以下である」，す なわち $\tilde{x} \leq 60$ となるような事象に確率を割り当てることになる．

　任意の区間に確率を評価できる未知量は**確率変数** (random variable) とよばれる． 確率変数 $\tilde{x}$ が離散集合 X 上で定義される場合を考える．たとえば，さいころの目を $\tilde{x}$ とすれば，$X = \{1, 2, 3, 4, 5, 6\}$ である．さて，x をたとえば 2 や 3 のような特定の値 とすると，確率 $P(\tilde{x} \leq x)$ は確率 $P(\tilde{x} = x)$ と次のように関連付けられる．

$$P(\tilde{x} \leq x) = \sum_{t \leq x,\ t \in X} P(\tilde{x} = t) \tag{2.34}$$

さいころの場合，$x = 3$ とすると

$$P(\tilde{x} \leq 3) = \sum_{t \leq 3,\ t \in X} P(\tilde{x} = t) = P(\tilde{x} = 1) + P(\tilde{x} = 2) + P(\tilde{x} = 3)$$

$$= \frac{1}{6} + \frac{1}{6} + \frac{1}{6} = \frac{1}{2}$$

となる．

(1) 離散的確率変数

　$\tilde{x}$ が離散集合 X 上で定義された離散的確率変数ならば，次のように定義される**質量 関数** (mass function) f は，離散的確率変数 $\tilde{x}$ を特徴付ける．

$$f(x) = \begin{cases} P(\tilde{x} = x), & x \in X \text{ のとき} \\ 0, & x \notin X \text{ のとき} \end{cases} \tag{2.35}$$

さらに，f は

$$\sum_{x \in X} f(x) = 1 \tag{2.36}$$

を満たす.

さいころの例では,

$$f(x) = \begin{cases} \dfrac{1}{6}, & x \in X = \{1, 2, 3, 4, 5, 6\} \text{ のとき} \\ 0, & x \notin X \text{ のとき} \end{cases}$$

であり,

$$\sum_{x \in X} f(x) = \frac{1}{6} + \frac{1}{6} + \frac{1}{6} + \frac{1}{6} + \frac{1}{6} + \frac{1}{6} = 1$$

を満たし,f は質量関数であることがわかる.

離散的確率変数に関する**累積分布関数** (cumulative distribution function) F は次のように定義される.

$$F(x) = \sum_{t \leq x} f(t) \tag{2.37}$$

また,この定義から明らかに

$$F(x) = P(\tilde{x} \leq x) \tag{2.38}$$

である.

さいころに関する質量関数と累積分布関数は図 2.37 に示される.ただし,図中の破線はみやすくするためのものであり,意味をもたない.

$k \in [0, 1]$ とすると,

$$F(x) \begin{cases} \leq k, & x < x^k \text{ のとき} \\ \geq k, & x \geq x^k \text{ のとき} \end{cases} \tag{2.39}$$

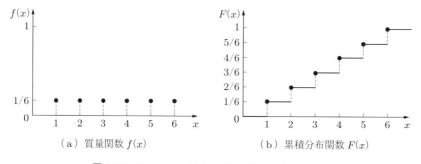

　（a）質量関数 $f(x)$　　　　　　　（b）累積分布関数 $F(x)$

図 2.37　さいころに関する質量関数と累積分布関数

を満たす x^k は確率変数 $\tilde{x}$ の k 分位点 (k-th fractile または k-th quantile) という.
とくに, $k = 0.5, 0.25, 0.1, 0.01$ に対して, 0.5 分位点をメディアン (median), 0.25
分位点を四分位点 (quartile), 0.1 分位点を十分位点 (decile), 0.01 分位点を百分位点
(percentile) という.

さいころに関する 0.5 分位点(メディアン)と 0.25 分位点(四分位点)を図 2.38 に
示す. 0.5 分位点は区間 $x^{0.5} = [3, 4]$ となり, 0.25 分位点は $x^{0.25} = 2$ となり, 1 点だ
けである.

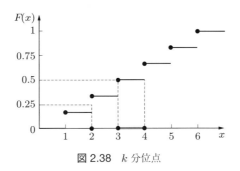

図 2.38 k 分位点

(2) 連続的確率変数

確率 $P(\tilde{x} \le x)$ に対して

$$P(\tilde{x} \le x) = \int_{-\infty}^{x} f(t)dt \tag{2.40}$$

を満たす f が存在する場合, $\tilde{x}$ は連続的確率変数であり, 累積分布関数 F は,

$$F(x) = \int_{-\infty}^{x} f(t)dt \tag{2.41}$$

である. ここで, f は**密度関数** (density function) とよばれ, 任意の x に対して,
$f(x) \ge 0$ であり,

$$\int_{-\infty}^{\infty} f(t)dt = 1 \tag{2.42}$$

を満たす. 密度関数は離散的確率変数における質量関数に対応している.

一様分布や正規分布などが連続的確率変数としてよく知られている.

区間 $[l, u]$ の一様分布の密度関数は

$$f(x) = \begin{cases} \dfrac{1}{u - l}, & l \le x \le u \text{ のとき} \\ 0, & \text{それ以外} \end{cases} \tag{2.43}$$

であり，累積分布関数は

$$F(x) = \int_{-\infty}^{x} f(t)dt = \frac{x - l}{u - l} \tag{2.44}$$

となる．一様分布の密度関数と累積分布関数は図 2.39 に示される．

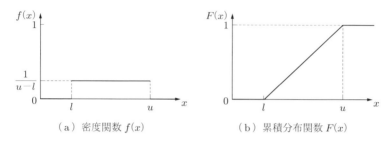

(a) 密度関数 $f(x)$ 　　　　(b) 累積分布関数 $F(x)$

図 2.39 　一様分布の密度関数と累積分布関数

正規分布の密度関数は

$$f(x) = \frac{1}{\sqrt{2\pi}\sigma} \exp\left(-\frac{(x - m)^2}{2\sigma^2}\right) \tag{2.45}$$

であり，累積分布関数は

$$F(x) = \int_{-\infty}^{x} f(t)dt = \frac{1}{\sqrt{2\pi}\sigma} \int_{-\infty}^{x} \exp\left(-\frac{(t - m)^2}{2\sigma^2}\right) dt \tag{2.46}$$

である．ここで，m と σ はパラメータであり，m は分布の平均，σ^2 は分散を意味する．$m = 0$，$\sigma = 1$ の場合，とくに標準正規分布とよばれ，その密度関数と累積分布関数は図 2.40 に示されるとおりである．

$\tilde{x}$ が連続的確率変数の場合の k 分位点は

$$F(x^k) = k \tag{2.47}$$

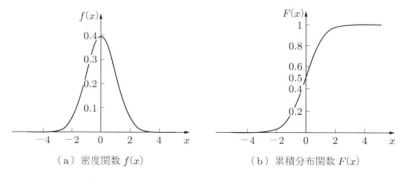

(a) 密度関数 $f(x)$ 　　　　(b) 累積分布関数 $F(x)$

図 2.40 　標準正規分布の密度関数と累積分布関数

を満たす x^k であり，F が上述の一様分布や正規分布のように強意単調増加の場合，離散的確率変数の場合とは異なり，図 2.41 に示すように任意の $k \in (0,1)$ に対して x^k は唯一に定まる．

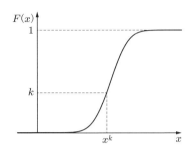

図 2.41 連続的確率変数に対する k 分位点

2.2 節および 2.3 節では，離散的確率分布であるくじ

$$l^1 = (p_1^1, x_1^1; \ \ldots; \ p_{n^1}^1, x_{n^1}^1), \qquad l^2 = (p_1^2, x_1^2; \ \ldots; \ p_{n^2}^2, x_{n^2}^2)$$

に対して，u が効用関数であれば

$$l^1 \succ l^2 \quad \Leftrightarrow \quad \sum_{i=1}^{n^1} p_i^1 u(x_i^1) > \sum_{i=1}^{n^2} p_i^2 u(x_i^2) \tag{2.48}$$

となることを説明してきた．$\prec, \sim$ のときも同様である．離散的確率分布であるくじの拡張として，連続的確率分布に関しても，期待効用の最大化の考えは次のように拡張される．

連続的確率分布の確率密度関数 $f^1(x)$, $f^2(x)$ に関して，

$$\left. \begin{array}{ccc}
f^1(x) \succ f^2(x) & \Leftrightarrow & \displaystyle\int_{-\infty}^{\infty} f^1(x)u(x)dx > \int_{-\infty}^{\infty} f^2(x)u(x)dx \\[2mm]
f^1(x) \sim f^2(x) & \Leftrightarrow & \displaystyle\int_{-\infty}^{\infty} f^1(x)u(x)dx = \int_{-\infty}^{\infty} f^2(x)u(x)dx \\[2mm]
f^1(x) \prec f^2(x) & \Leftrightarrow & \displaystyle\int_{-\infty}^{\infty} f^1(x)u(x)dx < \int_{-\infty}^{\infty} f^2(x)u(x)dx
\end{array} \right\} \tag{2.49}$$

となる．

2.5.3 ◆ 確率変数の同定

2.5.1 項では判断確率の評価について述べたが，ここでは，意思決定者による連続的

確率変数の同定について考える．一般に，確率変数の種類とパラメータを特定することなしに，密度関数 f を直接評価することは困難なので，k 分位点を用いて，累積分布関数 F を見積もることを考える．

まず，未知の確率変数 $\tilde{x}$ がとりうる値の区間を考えて，この区間を，等しく生起する二つの区間に分ける．すなわち，確率が半々となる 0.5 分位点 $x^{0.5}$ を意思決定者に尋ねることから始める．2.4 節で示した効用関数の同定において，確率 0.5 で生起する 2 種類の結果をもつくじに関して述べたように，意思決定者にとって 0.5 分位点の質問は比較的答えやすい質問であると考えられる．次に，0.5 分位点 $x^{0.5}$ よりも小さい領域に対して，等しく生起する二分点，すなわち 0.25 分位点 $x^{0.25}$ を意思決定者に尋ねる．同様に，0.5 分位点 $x^{0.5}$ よりも大きい領域に対して，等しく生起する二分点，すなわち 0.75 分位点 $x^{0.75}$ を意思決定者に尋ねる．このようにして得られた点 (x^k, k) をプロットし，累積分布関数 F の形状が十分明瞭になるまで，この質問を繰り返す．とくに，微小な確率が重要な場合には，累積分布関数 F の左端の部分にあたる $x^{0.125}, x^{0.0625}, x^{0.03125}, \ldots$ を順に注意深く評価する必要がある．このように評価された累積分布関数 F は，図 2.42 のように示される．

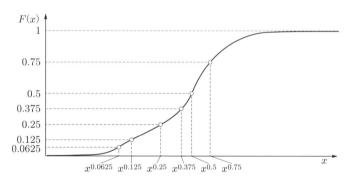

図 2.42　k 分位点によって評価された累積分布関数

◆ 例 2.7　飲食店の利益分布の同定：過去データの利用

累積分布関数の同定に関する例として，飲食店の利益の分布を考える．表 2.7 のような過去のデータが存在し，このデータを用いて次期の利益の分布を推定する．この表には，過去の月単位の利益の分布が示されており，134000 円以下，134000 円からの 4000 円間隔で分かれた区間，190000 円以上の 16 区分に対して，度数，相対頻度，累積度数，累積相対頻度，平滑化された累積相対頻度，平滑化された相対頻度が示されている．このデータの特徴として，第 2 列の度数をみればわかるように，あるピークに向かって単調に増加し，そのピークを過ぎると単調に減少するという性質をもっていない．特別でもっともらしい理由がない限り，第 2 列のような滑らかでないデータをそのまま次期の利益見込みとして

表 2.7　飲食店の過去の月単位の利益分布

利益［円］	度数	相対頻度	累積度数	累積相対頻度	平滑累積相対頻度	平滑相対頻度
～134000	0	0.000	0	0.000	0.000	0.000
134000～138000	1	0.003	1	0.003	0.010	0.010
138000～142000	20	0.057	21	0.060	0.040	0.030
142000～146000	5	0.014	26	0.074	0.090	0.050
146000～150000	25	0.071	51	0.146	0.140	0.050
150000～154000	15	0.043	66	0.189	0.210	0.070
154000～158000	37	0.106	103	0.294	0.320	0.110
158000～162000	84	0.240	187	0.534	0.520	0.200
162000～166000	30	0.086	217	0.620	0.650	0.130
166000～170000	50	0.143	267	0.763	0.760	0.110
170000～174000	17	0.049	284	0.811	0.840	0.080
174000～178000	10	0.029	294	0.840	0.900	0.060
178000～182000	42	0.120	336	0.960	0.935	0.035
182000～186000	4	0.011	340	0.971	0.960	0.025
186000～190000	10	0.029	350	1.000	0.980	0.020
190000～	0	0.000	350	1.000	1.000	0.020

用いることは適切ではない．過去のデータを利用するためには，このような不規則性を平滑化する必要がある．

　平滑化の過程をグラフとともにみていこう．最初に，図 2.43(a) の相対頻度（表 2.7 の第 3 列）のグラフが得られる．第 2 に，この相対頻度のデータから図 2.44(a) の累積相対頻度分布（表 2.7 の第 5 列）が計算できる．第 3 に，図 2.44(a) のもとのデータから，意思決定者の判断によって滑らかになるように修正して平滑化された図 2.44(b) のグラフ（太い線）が得られる．最後に，この平滑化された累積頻度分布（表 2.7 の第 6 列）から，再び図 2.43(b) の平滑化された相対頻度（表 2.7 の第 7 列）のグラフが得られる．

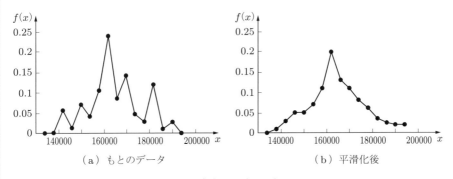

（a）もとのデータ　　　　　　　　　　（b）平滑化後

図 2.43　飲食店の利益の頻度データ

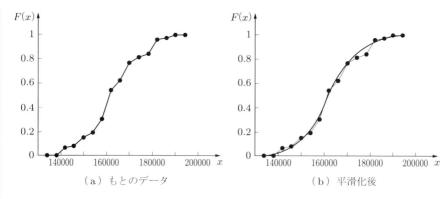

図 2.44　飲食店の利益の累積頻度分布

次期の利益の分布を推定するには，この第 7 列のデータを用いるとよい．

　過去のデータを用いて累積分布関数を評価する方法について考察したが，そのよう
なデータがない場合，たとえば新規の店舗開店に関する意思決定においても，何らか
の方法で利益の累積分布関数を見積もることが重要である．そのような場合，シミュ
レーションが有効である．

◆ 例 2.8　飲食店の利益分布の同定：シミュレーション
　飲食店の利益は，売上高，変動費，固定費によって定まると仮定する．変動費は，原材
料費や電気，ガス，水道などの光熱費と，パート，アルバイトにかかる変動部分の人件費
（変動人件費）で構成される．固定費は，店舗の賃貸料などの店舗維持費と，正規社員の基
本給などの固定部分の人件費（固定人件費）である．この飲食店では，単一のメニューだ
けを提供すると仮定し，売値を定めれば，利益は次のように表現できる．

$$利益 = 売上高 \times (売値 - 原材料費 - 光熱費 - 変動人件費)$$
$$- 店舗維持費 - 固定人件費$$

　売上高，原材料費，光熱費，変動人件費を確率変数とし，それぞれ表 2.8(a) に示す平均
と標準偏差をもつ正規分布に従うとする（原材料費と光熱費は，合計の費用を一つの確率変
数とした）．また，表 2.8(b) に示すように固定費が見積もられ，売値も決定されたとする．

表 2.8　飲食店の見積もられたデータ（確率変数と固定値）

(a) 確率変数

確率変数	平均	標準偏差
売上高	1000 個	50 個
原材料費 + 光熱費	200 円	5 円
変動人件費	300 円	20 円

(b) 固定値

固定値	見積もり
店舗維持費	50 万円
固定人件費	30 万円
売値	1200 円

売上高，原材料費＋光熱費，変動人件費に関して，表 2.8(a) の平均と標準偏差をもつ正規分布からサンプルをとる．このようなサンプルとなる乱数は，Excel や MATLAB などのソフトを用いれば，容易に作成できる．図 2.45 には，Excel を用いた 500 回の試行結果を示している．この図から，利益は 140000 円から 190000 円の範囲でグラフに示されるような確率分布をとると予想できる．また，このグラフから，たとえば 150000 円よりも利益が小さい確率は 0.05 程度であり，175000 円を超える利益が得られる確率は 0.1 程度であることがわかる．

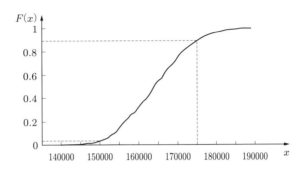

図 2.45 シミュレーションによる累積分布関数

ここでの計算は売上高，原材料費＋光熱費，変動人件費の 3 種類の確率変数が独立であることを仮定した計算であるが，これらに相関がある場合も分散共分散行列を指定すれば容易に計算できる．

2.6 決定木

これまでの議論で，五つの基本仮定を受け入れるならば，複数のくじに対してもっとも期待効用が大きいくじを選択すべきであることを主張してきた．また，くじで表現される不確実性下の意思決定では，意思決定者の決定の後に不確実な事象が生起し，結果が定まる．ここでは，このサイクルが繰り返される多段階の決定について考える．このような意思決定問題を記述するのに有効な道具として，**決定木** (decision tree) がある．

この多段階の決定の過程は，意思決定者と自然との 2 人ゲームとして解釈される．すなわち，意思決定者が最初の手番で，ある行動を選択し，その後自然がある事象を生起させる．これを繰り返すことになる．意思決定者は自身の手番では自由に行動（代替案）を選択できるが，事象の生起に関与できないし，予知することもできない．しかし，各事象が生起する確率を割り当てることができると仮定する．

3 段階以上の繰り返しについては，2 段階の意思決定の手順の自然な拡張であるため，2 段階の意思決定についてのみ考える．

意思決定者は次のような基礎的な事項を明確にできると仮定する．

行動の集合 1 回目および 2 回目の行動の集合は次のように示される．

$$A^1 = \{a^1_1, \ldots, a^1_{n_1}\}, \qquad A^2 = \{a^2_1, \ldots, a^2_{n_2}\}$$

自然の状態の集合 1 回目および 2 回目の自然の状態の集合は次のように示される．

$$S^1 = \{s^1_1, \ldots, s^1_{m_1}\}, \qquad S^2 = \{s^2_1, \ldots, s^2_{m_2}\}$$

効用関数 1 回目の行動 $a^1_{i_1} \in A^1$，1 回目の自然の状態 $s^1_{j_1} \in S^1$，2 回目の行動 $a^2_{i_2} \in A^2$，2 回目の自然の状態 $s^2_{j_2} \in S^2$ に対して，意思決定者が効用値 $u(a^1_{i_1}, s^1_{j_1}, a^2_{i_2}, s^2_{j_2})$ を割り当てる．

確率 自然の状態 $s^1_{j_1} \in S^1$，$s^2_{j_2} \in S^2$ に対して，意思決定者が確率 $P(s^1_{j_1})$，$P(s^2_{j_2})$ を割り当てる．

2 段階の意思決定に対応する一般的な決定木は図 2.46 のように描くことができる．この図の黒四角のノードは意思決定者の手番で，**決定ノード** (decision node) とよばれ，このノードから出ていく選択肢（行動あるいは代替案）のうち一つを意思決定者

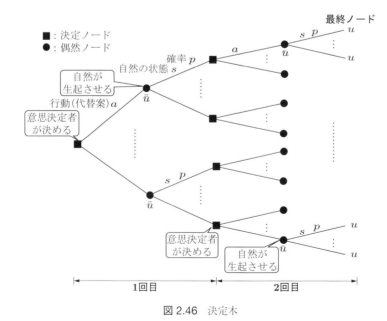

図 2.46　決定木

が選択する．黒丸のノードは自然の手番で，**偶然ノード** (chance node) とよばれ，このノードから出ていく選択肢（自然の状態あるいは事象）のうち一つを自然が選択する．さらに決定木には，ノードから出ていくアーク（枝）に，行動や自然の状態のラベル，自然の状態が生起する確率が記入され，決定木の最終ノード（決定木の葉：右端の終点）に最終的な効用が書き込まれる．

これらの情報が得られれば，各決定ノードで意思決定者がどの選択肢（行動あるいは代替案）を選択すべきかを考えることができる．くじの選択についてはすでに考察したように，意思決定者が五つの基本仮定を認めるならば，期待効用が最大のくじを選択すべきである．したがって，多段階の意思決定問題であっても，最終の決定ノードでは，この考えを直接適用できる．

選択すべき行動を求める具体的な手順を示す．最初の決定ノードで行動 $a_{i_1}^1$ を選択した後，状態 $s_{j_1}^1$ が生起し，その後行動 $a_{i_2}^2$ を選択したとする．このときの偶然ノードでの状態 $s_1^2, \ldots, s_{m_2}^2$ および対応する確率，結果，効用値は，表 2.9 のように要約される．ここで，結果 $x_j^2 = x(s_j^2;\ a_{i_1}^1, s_{j_1}^1, a_{i_2}^2)$ は，$a_{i_1}^1$ が選択され，$s_{j_1}^1$ が生起し，$a_{i_2}^2$ が選択された後，s_j^2 が生起したときの結果を示している．

表 2.9　2 段階目の偶然ノード

状態	確率	結果	効用値
s_1^2	$P(s_1^2)$	$x_1^2 = x(s_1^2;\ a_{i_1}^1, s_{j_1}^1, a_{i_2}^2)$	$u(x_1^2)$
$\vdots$	$\vdots$	$\vdots$	$\vdots$
$s_{m_2}^2$	$P(s_{m_2}^2)$	$x_{m_2}^2 = x(s_{m_2}^2;\ a_{i_1}^1, s_{j_1}^1, a_{i_2}^2)$	$u(x_{m_2}^2)$

このとき，行動 $a_{i_2}^2$ を選択したときの期待効用は次のように計算できる．

$$\bar{u}(a_{i_2}^2;\ a_{i_1}^1, s_{j_1}^1) = \sum_{j=1}^{m_2} P(s_j^2) u(x_j^2) \tag{2.50}$$

行動 $a_{i_1}^1$ を選択し，状態 $s_{j_1}^1$ が生起した後，意思決定者は期待効用 $\bar{u}(a_{i_2}^2;\ a_{i_1}^1, s_{j_1}^1)$ を最大化させる行動，すなわち

$$\bar{u}(a_{\mathrm{opt}_{j_1}^2}^2;\ a_{i_1}^1, s_{j_1}^1) = \max_{i_2} \bar{u}(a_{i_2}^2;\ a_{i_1}^1, s_{j_1}^1) \tag{2.51}$$

を満たす行動 $a_{\mathrm{opt}_{j_1}^2}^2$ を選択すべきである．このため，状態 $s_{j_1}^1$ が生起すれば，効用値 $\bar{u}(a_{\mathrm{opt}_{j_1}^2}^2;\ a_{i_1}^1, s_{j_1}^1)$ を得ることと無差別となる．したがって，2 段階目の意思決定は結局，効用値 $\bar{u}(a_{\mathrm{opt}_{j_1}^2}^2;\ a_{i_1}^1, s_{j_1}^1)$ とおきかえられる．その他の行動は選択されないので印 \\ を記入し，それ以降の流れを止める（後述する例 2.9 の図 2.50 参照）．

次に，さかのぼって，1 段階目の意思決定について同様に考察する．最初の決定ノー

表 2.10　最初の偶然ノード

状態	確率	効用値
s_1^1	$P(s_1^1)$	$\bar{u}(a_{\mathrm{opt}_1^2};\ a_{i_1}^1, s_1^1)$
$\vdots$	$\vdots$	$\vdots$
$s_{m_1}^1$	$P(s_{m_1}^1)$	$\bar{u}(a_{\mathrm{opt}_{m_1}^2}\ ;\ a_{i_1}^1, s_{m_1}^1)$

ドで行動 $a_{i_1}^1$ を選択したとする．このときの偶然ノードでの状態 $s_1^1, \ldots, s_{m_1}^1$ および対応する確率と 2 段階目の意思決定と無差別な効用値は表 2.10 のように要約される．

このとき，行動 $a_{i_1}^1$ を選択したときの期待効用は次のように計算できる．

$$\bar{u}(a_{i_1}^1) = \sum_{j=1}^{m_1} P(s_j^1)\bar{u}(a_{\mathrm{opt}_j^2};\ a_{i_1}^1, s_j^1) \tag{2.52}$$

意思決定者は期待効用 $\bar{u}(a_{i_1}^1)$ を最大化させる行動，すなわち

$$\bar{u}(a_{\mathrm{opt}^1}^1) = \max_{i_1} \bar{u}(a_{i_1}^1) \tag{2.53}$$

を満たす行動 $a_{\mathrm{opt}^1}^1$ を選択すべきである．その他の行動は選択されないので印 \\ を記入し，それ以降の流れを止める．このようにして，すべての決定ノードで選択すべき行動が決定される．この手順は**後ろ向き推論** (backwards induction) または**平均化と折りたたみ** (averaging out and folding back) とよばれる．

◆ 例 2.9　新製品のプロモーション

　決定木を用いた 2 段階の意思決定の例として，ある企業の新製品のプロモーションにおける意思決定について考える．

　意思決定者は，五つの基本仮定を受け入れて，合理的に望ましい代替案を選択したいと望んでいる．行動の集合と自然の状態の集合について，次のように記述される．

① これまでの経験では，最終的な販売状況は「好調」あるいは「不調」のどちらかであり，今回もそのように意思決定者は予想している．

② 販売の方法として，広告をしつつ販売価格は高めの設定とする「広告かつ高価格販売」と，広告はせず価格を抑えた販売を行う「低価格販売」の二つの戦略をもつ．

③ 販売開始前に市場調査を行うオプションがある．その結果は，「よい結果」と「悪い結果」に分けられる．

次の記号を導入すると，決定木を図 2.47 のように描くことができる．

1 回目の行動の集合 $A^1 = \{$市場調査実施 $a_1^1,$　市場調査なし $a_2^1\}$

1 回目の自然の状態の集合 $S^1 = \{$よい結果 $s_1^1,$　悪い結果 $s_2^1\}$

2 回目の行動の集合 $A^2 = \{$広告かつ高価格販売 $a_1^2,$　低価格販売 $a_2^2\}$

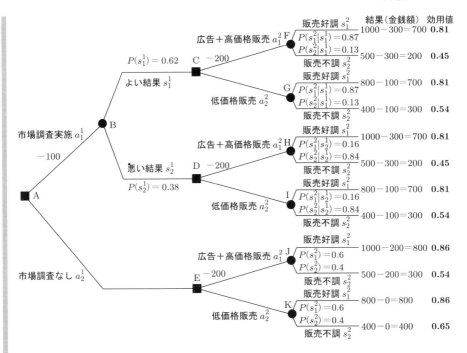

図 2.47 新製品のプロモーション決定木

2 回目の自然の状態の集合 $S^2 = \{$販売好調 $s_1^2,$ 販売不調 $s_2^2\}$

また, この意思決定問題における費用と収入が次のように見積もられているとする.

費用：	市場調査費	100 万円
	広告費	200 万円
収入：	高価格販売かつ販売好調時	1000 万円
	高価格販売かつ販売不調時	500 万円
	低価格販売かつ販売好調時	800 万円
	低価格販売かつ販売不調時	400 万円

費用については, 図 2.47 の決定木の対応するアークに記載され, 結果である利益は, 収入から費用を差し引いた金銭額として決定木の最終ノード（右端の終点）に示されている.

意思決定者の選好はリスク回避的であるとして, 次の手順で効用関数を同定する. 意思決定者は, 次の①から④の質問に対して次のように回答したとする.

① 最良の結果 x^*, 最悪の結果 x^0 を尋ねる.

回答： $x^0 = 0, \quad x^* = 1000$

② 確率 0.5 で最良の結果 x^*, 確率 0.5 で最悪の結果 x^0 が生じるくじの確実同値額 $x^{0.5}$,

すなわち $x^{0.5} \sim (0.5, x^*; \ 0.5, x^0)$ を満たす $x^{0.5}$ を尋ねる.

回答: $x^{0.5} = 250$

③ 確率 0.5 で最悪の結果 x^0, 確率 0.5 で結果 $x^{0.5}$ が生じるくじの確実同値額結果 $x^{0.25}$, すなわち $x^{0.25} \sim (0.5, x^{0.5}; \ 0.5, x^0)$ を満たす $x^{0.25}$ を尋ねる.

回答: $x^{0.25} = 90$

④ 確率 0.5 で最良の結果 x^*, 確率 0.5 で結果 $x^{0.5}$ が生じるくじの確実同値額 $x^{0.75}$, すなわち $x^{0.75} \sim (0.5, x^*; \ 0.5, x^{0.5})$ を満たす $x^{0.75}$ を尋ねる.

回答: $x^{0.75} = 500$

①から④の回答は, 図 2.48 に要約される.

図 2.48 意思決定者に対する質問と回答

最良の結果 x^*, 最悪の結果 x^0 および確実同値額 $x^{0.25}$, $x^{0.5}$, $x^{0.75}$ の回答から, 5 点

$$(x^0, u^0) = (0, 0), \qquad (x^{0.25}, u^{0.25}) = (90, 0.25), \qquad (x^{0.5}, u^{0.5}) = (250, 0.5)$$

$$(x^{0.75}, u^{0.75}) = (500, 0.75), \qquad (x^*, u^*) = (1000, 1)$$

が得られたことになる. これら 5 点を結び合わせて, 図 2.49 に示される効用関数が得られる. このグラフから, 最終結果の金銭額に対応する効用値を読み取ることができる. 最終結果の金銭額と対応する効用値は表 2.11 のようになり, 図 2.47 の決定木に書き込まれる.

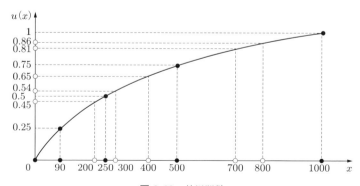

図 2.49 効用関数

表 2.11 金銭額と効用値

最終結果（金銭額）	効用値
200 万円	0.45
300 万円	0.54
400 万円	0.65
700 万円	0.81
800 万円	0.86

　さらに，図 2.47 の決定木の偶然ノードに続くアークに対応する確率を評価しなければならない．偶然ノードは，市場調査実施のノード B と最下層の販売結果のノード F〜K に対する確率評価が必要であり，これらを表 2.12 に整理する．

表 2.12 偶然ノードの確率

偶然ノード	自然の選択肢	確率
市場調査実施 B	よい結果 s_1^1	$P(s_1^1)$
	悪い結果 s_2^1	$P(s_2^1)$
販売結果（調査：よい結果 s_1^1）F, G	好調 s_1^2	$P(s_1^2 \mid s_1^1)$
	不調 s_2^2	$P(s_2^2 \mid s_1^1)$
販売結果（調査：悪い結果 s_2^1）H, I	好調 s_1^2	$P(s_1^2 \mid s_2^1)$
	不調 s_2^2	$P(s_2^2 \mid s_2^1)$
販売結果（調査なし）J, K	好調 s_1^2	$P(s_1^2)$
	不調 s_2^2	$P(s_2^2)$

　表 2.12 に示される確率をすべて評価しなければならないが，容易に評価できる確率だけを主観的に評価し，残りの確率については，前節で述べたように，評価した確率から判断確率の満たすべき条件や条件付き確率のベイズの定理を利用して計算する．

　これまでの実績データから，意思決定者は次の三つの確率が評価しやすいと判断し，次のように評価したと仮定する．

- 実績データから，売上が好調 s_1^2 であったときの確率 $P(s_1^2)$ を次のように評価した．

$$P(s_1^2) = 0.6$$

- 市場調査の結果と実際の売上高の結果が整合していなかったケース，すなわち，売上が好調 s_1^2 であった場合の中で，市場調査の結果をさかのぼって調べてみると，悪い結果 s_2^1 であった確率 $P(s_2^1 \mid s_1^2)$ を次のように評価した．

$$P(s_2^1 \mid s_1^2) = 0.1$$

- 逆に，売上が不調 s_2^2 であった場合の中で，市場調査の結果がよい結果 s_1^1 であった確率 $P(s_1^1 \mid s_2^2)$ を次のように評価した．

$$P(s_1^1 \mid s_2^2) = 0.2$$

市場調査の結果と最終的な結果はそれぞれ二つの結果しかないので，上記の余事象として次の確率がただちに計算できる．

$$P(s_2^2) = 0.4, \qquad P(s_1^1 \mid s_1^1) = 0.9, \qquad P(s_2^1 \mid s_2^2) = 0.8$$

条件付き確率と同時確率の関係式

$$P(s_i^1 \cap s_j^2) = P(s_i^1 \mid s_j^2)P(s_j^2)$$

から，四つの同時確率は

$$P(s_1^1 \cap s_1^2) = P(s_1^1 \mid s_1^2)P(s_1^2) = 0.9 \times 0.6 = 0.54$$
$$P(s_1^1 \cap s_2^2) = P(s_1^1 \mid s_2^2)P(s_2^2) = 0.2 \times 0.4 = 0.08$$
$$P(s_2^1 \cap s_1^2) = P(s_2^1 \mid s_1^2)P(s_1^2) = 0.1 \times 0.6 = 0.06$$
$$P(s_2^1 \cap s_2^2) = P(s_2^1 \mid s_2^2)P(s_2^2) = 0.8 \times 0.4 = 0.32$$

となる．市場調査の結果の周辺確率は，同時確率から

$$P(s_1^1) = P(s_1^1 \cap s_1^2) + P(s_1^1 \cap s_2^2) = 0.54 + 0.08 = 0.62$$
$$P(s_2^1) = P(s_2^1 \cap s_1^2) + P(s_2^1 \cap s_2^2) = 0.06 + 0.32 = 0.38$$

となる．したがって，市場調査の結果が与えられたときの最終的な結果の条件付き確率は

$$P(s_j^2 \mid s_i^1) = \frac{P(s_i^1 \cap s_j^2)}{P(s_i^1)}$$

より

$$P(s_1^2 \mid s_1^1) = \frac{P(s_1^1 \cap s_1^2)}{P(s_1^1)} = \frac{0.54}{0.62} = 0.87$$
$$P(s_2^2 \mid s_1^1) = \frac{P(s_1^1 \cap s_2^2)}{P(s_1^1)} = \frac{0.08}{0.62} = 0.13$$
$$P(s_1^2 \mid s_2^1) = \frac{P(s_2^1 \cap s_1^2)}{P(s_2^1)} = \frac{0.06}{0.38} = 0.16$$
$$P(s_2^2 \mid s_2^1) = \frac{P(s_2^1 \cap s_2^2)}{P(s_2^1)} = \frac{0.32}{0.38} = 0.84$$

となる．

　これらの確率が図 2.47 の決定木に記入されると，すでに最終ノード（右端の終点）に効用値が示されているので，すべてのデータが得られたことになる．

　新製品のプロモーションにおける意思決定問題に，後ろ向き推論を適用する．図 2.47 の決定木と同じ決定木を図 2.50 に示し，後ろ向き推論の過程を示す．最下層の偶然ノード F から K に来たときの期待効用は，式 (2.50) を用いて，すなわち

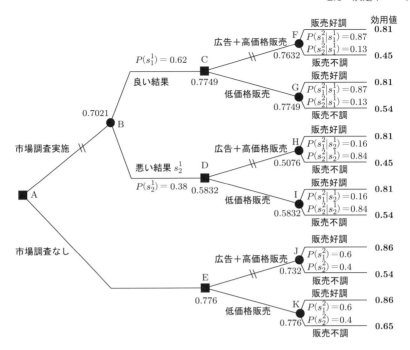

図 2.50 決定木（後ろ向き推論）

表 2.13 最下層の偶然ノード F から K の期待効用

偶然	販売好調		販売不調		期待効用 $\bar{u}$
ノード	確率	効用	確率	効用	
F	0.87	0.81	0.13	0.45	$0.87 \times 0.81 + 0.13 \times 0.45 = 0.7632$
G	0.87	0.81	0.13	0.54	$0.87 \times 0.81 + 0.13 \times 0.54 = 0.7749$
H	0.16	0.81	0.84	0.45	$0.16 \times 0.81 + 0.84 \times 0.45 = 0.5076$
I	0.16	0.81	0.84	0.54	$0.16 \times 0.81 + 0.84 \times 0.54 = 0.5832$
J	0.6	0.86	0.4	0.54	$0.6 \times 0.86 + 0.4 \times 0.54 = 0.732$
K	0.6	0.86	0.4	0.65	$0.6 \times 0.86 + 0.4 \times 0.65 = 0.776$

$$\bar{u}(a_{i_2}^2;\ a_{i_1}^1, s_{j_1}^1) = \sum_{j=1}^{m_2} P(s_j^2) u(x_j^2), \qquad x_j^2 = x(s_j^2;\ a_{i_1}^1, s_{j_1}^1, a_{i_2}^2)$$

を使えば，表 2.13 のように計算できる．

　偶然ノード F と G の期待効用はそれぞれ 0.7632 と 0.7749 であり，偶然ノード G の期待効用のほうが大きいので，その上位の決定ノード C では，意思決定者はより大きい期待効用もたらす行動「低価格販売」を選択すべきである．このことから，決定ノード C での行動「広告かつ高価格販売」のアークへの流れを止める印 \\ を記入する．同様に，決定ノード D および E でも，行動「低価格販売」を選択すべきであり，行動「広告かつ高価格

「販売」のアークへの流れを止める印 \\ を記入する.

さかのぼって，偶然ノード B に来たときの期待効用を考える．よい結果になる確率が 0.62 で，ノード C での期待効用が 0.7749 であり，悪い結果になる確率が 0.38 で，ノード D での期待効用が 0.5832 なので，ノード B での期待効用は，式 (2.52) を用いて，すなわち

$$\bar{\bar{u}}(a_2^1) = P(s_1^1)\bar{u}(a_2^2;\ a_2^1, s_1^1) + P(s_2^1)\bar{u}(a_2^2;\ a_2^1, s_2^1)$$

となるから，次のように計算できる.

$$0.62 \times 0.7749 + 0.38 \times 0.5832 = 0.7021$$

偶然ノード B と決定ノード E の期待効用はそれぞれ 0.7021 と 0.776 であり，決定ノード E の期待効用のほうが大きいので，その上位の決定ノード A では，意思決定者はより大きい期待効用をもたらす行動「市場調査なし」を選択すべきである．このことから，決定ノード A での行動「市場調査実施」のアークへの流れを止める印 \\ を記入する．これらの結果は，図 2.50 に示され，意思決定者の行動としては次の選択が望ましい.

- 決定ノード A では行動「市場調査なし」を選択する.
- 決定ノード C, D, E では行動「低価格販売」を選択する.

2.7 ◆ 図的ツール

決定分析において，決定や不確実性の要因を文書化・図式化し，それをもとに議論するためのツールとして，前節で考察した決定木のほかに，**影響図** (influence diagram) や**決定行列** (decision matrix) がある．影響図は決定分析の初期段階で利用され，問題に含まれる各要素とその関係を整理できる．また，決定行列は決定状況を行列形式に表現したものである.

2.7.1 ◆ 影響図

影響図には，問題に含まれる不確実性，決定事項，目的などの要素とその関係が表現される．影響図を利用することによって，直観的に問題の要素およびその関係が理解できる．影響図に含まれる各要素は次のように示される.

- **不確実性**：意思決定者が関与できない（自然が選択する）事象であり，円または楕円で表現する.
- **決定事項**：意思決定者が制御でき，正方形や長方形で表現する.
- **価値，目的変数**：評価の基準であるこれらは，ひし形や六角形で表現する.

不確実性，決定，目的変数の関係は，矢印で表現する．矢印の前後の要素によって，

各矢印は次のような意味をもつ.

- 決定から不確実事象への矢印:決定 A は事象 B の確率に影響する.ただし,影響のない場合,矢印はない.

$$\boxed{\text{決定 } A} \longrightarrow \underbrace{\text{事象 } B}$$

- 不確実事象から不確実事象への矢印:事象 B の確率は事象 A の結果に依存する.

$$\underbrace{\text{事象 } A} \longrightarrow \underbrace{\text{事象 } B}$$

- 不確実事象から目的変数への矢印:目的変数 B の値は事象 A の結果に依存する.

$$\underbrace{\text{事象 } A} \longrightarrow \langle\text{目的変数 } B\rangle$$

- 決定から目的変数への矢印:目的変数 B の値は決定 A の結果に依存する.

$$\boxed{\text{決定 } A} \longrightarrow \langle\text{目的変数 } B\rangle$$

- 決定から決定への矢印:決定 B を定める前に決定 A の結果が定まる.

$$\boxed{\text{決定 } A} \longrightarrow \boxed{\text{決定 } B}$$

- 不確実事象から決定への矢印:決定 B を定める前に不確実事象 A の結果が定まる.

$$\underbrace{\text{事象 } A} \longrightarrow \boxed{\text{決定 } B}$$

影響図は,決定分析を行ううえでの関係者の間の議論において,意思の疎通を適切に支援できる.すなわち,問題を検討するための土台を提供し,その要素を決定事項,不確実事象,目的変数などへ分けて考えることができ,意思決定問題を構造化する助けとなる.

◆ **例 2.10　新製品のプロモーションに対する影響図**

例 2.9 で考察した新製品のプロモーションに関する意思決定問題に対応する影響図は,図 2.51 に示すとおりである.

意思決定者は市場調査をするかしないかの決定をしなければならないので,図 2.51 では決定事項を表す長方形で $\boxed{\text{市場調査}}$ と示している.市場調査を行った場合は費用がかかる

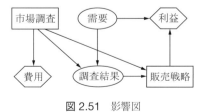

図 2.51　影響図

が，行わない場合は費用がかからない．この関係が六角形で示される目的変数 〈費用〉 と 市場調査 の間の矢印で示されている． 市場調査 から，楕円で示される不確実事象 調査結果 と 決定事項 販売戦略 への矢印がある． 市場調査 の結果として， 調査結果 があり，よい結果と 悪い結果がある． 販売戦略 には「広告かつ高価格販売」と広告なしの「低価格販売」の二 つの戦略からの選択が必要であるが，これは 市場調査 の後に行われる決定である．また， 調査結果 の結果を参考に 販売戦略 が決められることが，これらの間の矢印で表現される．不 確実事象 需要 から不確実事象 調査結果 への矢印は，意思決定者が需要の結果を知ったう えで，調査結果の確率分布が評価されることを示している．しかし，不確実事象間の関係は 相互的であるので，逆の矢印も考えられる．六角形で示される目的変数 〈利益〉 は 需要 の結果と 販売戦略 の選択に依存していることがこれらの間の矢印で表現されている．

2.7.2 ♦ 決定行列

　意思決定問題は，しばしば決定行列を用いて整理される．決定行列には以下の要素 が含まれ，その一般的な形式は表 2.14 のように表現される．

表 2.14　決定行列

代替案	自然の状態 s_j / 確率 p_j			
	s_1	s_2	$\cdots$	s_m
	p_1	p_2	$\cdots$	p_m
a_1	o_{11}	o_{12}	$\cdots$	o_{1m}
a_2	o_{21}	o_{22}	$\cdots$	o_{2m}
$\vdots$	$\vdots$	$\vdots$	$\vdots$	$\vdots$
a_n	o_{n1}	o_{n2}	$\cdots$	o_{nm}

- **代替案**：意思決定者が選択する行動あるいは決定変数である．代替案の数は有限 あるいは無限であるが，決定行列で扱われるような問題では，通常有限で少ない 数である． $a_i, i = 1, \ldots, n$ で表される．
- **自然の状態**：意思決定者には制御できない自然が決めるパラメータである． $s_j,$ $j = 1, \ldots, m$ で表される．
- **自然の状態の確率**：各状態に見積もられた確率分布である． $p_j, j = 1, \ldots, m$ で 表される．ただし， $p_1 + p_2 + \cdots + p_m = 1, p_j \geq 0, j = 1, \ldots, m$ である．
- **利得**：意思決定者が選択した代替案と自然の状態によって定まる結果である． $o_{ij},$ $i = 1, \ldots, n, j = 1, \ldots, m$ で表される．

　決定行列は，表形式で表現されるため，代替案や自然の状態の一覧することができ， それぞれの利得が把握しやすい．

◆ 例 2.11 新製品のプロモーションに対する決定行列

例 2.9 で考察した新製品のプロモーションに関する意思決定問題は多段階の意思決定問題になっているので、決定木の一部分ごとに決定行列を生成できる。たとえば、市場調査を行わない場合の決定行列は表 2.15 のように表される。

表 2.15 市場調査を行わない場合の決定行列

代替案	自然の状態 / 確率	
	販売好調 s_1 $p_1 = 0.6$	販売不調 s_2 $p_2 = 0.4$
広告＋高価格販売	0.86	0.54
低価格販売	0.86	0.65

この表の結果は効用値となっている。この決定行列に関しては、「広告かつ高価格販売」の期待効用が

$$0.6 \times 0.86 + 0.4 \times 0.54 = 0.732$$

で、「低価格販売」の期待効用が

$$0.6 \times 0.86 + 0.4 \times 0.65 = 0.776$$

となり、「低価格販売」が選択されることになる。

2.8 定 理

結果 c_i に確率 p_i が付与された確率くじや、結果 c_i に事象 S_i が付与された事象くじの選択に関して、2.2 節では、五つの基本仮定を Pratt, Raiffa and Schlaifer (1995) に従って与え、効用の期待値が大きいくじを選択すべきであることを説明した。とくに、基本仮定 2 では意思決定者による選好の数量化、基本仮定 5 では判断の数量化が可能であることを仮定した。その他の基本仮定は比較的受け入れやすい仮定であり、また理解しやすい概念でもあった。効用理論の分野では、選好の数量化や判断の数量化を直接仮定することなく、異なる公理系によって効用関数の存在や期待効用について考察されてきた。

その中でも、von Neumann-Morgenstern の定理や Savage の定理がよく知られている。前者は確率くじの比較を対象とし、効用関数の存在を証明している。後者は事象くじの比較を対象とし、効用関数や確率測度の存在を証明している。この節では、Gilboa (2009) に基づいて、これら二つの定理を紹介する。

2.8.1 ♦ von Neumann-Morgenstern の定理

von Neumann-Morgenstern の定理における選択の対象は，確率くじである．二項
関係 $\succsim$ は二つのくじの関係を表し，くじの集合を L とする．このとき，von Neumann-
Morgenstern の定理における公理は次の三つである．

公理 NM 1　弱順序

　二項関係 $\succsim$ は完全かつ推移的である．

　ここでの弱順序とは，どちらかのくじが好ましいか，あるいは無差別であることを
意味している．

　弱順序における**完全性**とは，任意のくじ $l^1, l^2 \in L$ に対して

$$l^1 \succsim l^2 \quad \text{または} \quad l^2 \succsim l^1 \tag{2.54}$$

を満たすことである．したがって，完全性は選択肢が与えられたとき，意思決定者に
どちらかを選択するように要請している．さらに，**推移性**とは，任意の $l^1, l^2, l^3 \in L$
に対して

$$l^1 \succsim l^2 \text{ かつ } l^2 \succsim l^3 \quad \Rightarrow \quad l^1 \succsim l^3 \tag{2.55}$$

を満たすことである．推移性の意味するものは明白で説得力がある．推移性が成り立
たないようであれば，選択肢の間で巡回が起こる可能性があり，選択が困難となる．し
たがって，推移性は矛盾のない行動のルールや原理の基礎を与える．ここで用いられ
る完全性と推移性は，2.1.1 項と 2.2.2 項で与えた完全性と推移性と同様の概念である．

公理 NM 2　連続性

　任意のくじ $l^1, l^2, l^3 \in L$ に対して，$l^1 \succ l^2 \succ l^3$ ならば

$$\alpha l^1 + (1 - \alpha) l^3 \succ l^2 \succ \beta l^1 + (1 - \beta) l^3 \tag{2.56}$$

となる $\alpha, \beta \in (0, 1)$ が存在する．

　ここで，$\alpha l^1 + (1 - \alpha) l^3$ は，確率 α でくじ l^1 を得て，$(1 - \alpha)$ でくじ l^3 を得るこ
とを意味する．

　連続性の公理には，「任意のくじ $l^1, l^2, l^3 \in L$ に対して，$l^1 \succ l^2 \succ l^3$ ならば

$$\alpha l^1 + (1 - \alpha) l^3 \sim l^2 \tag{2.57}$$

となる $\alpha \in (0, 1)$ が存在する」というような別の表現もある．

式 (2.56) において，l^1 を「確実に 100 円を得る」，l^2 を「何も起こらない」，l^3 を「確実に死亡する」とする．この例では，100 円を得るために，$(1 - \alpha)$ の確率で命の危険を冒すことを意味し，いくら小さい確率でも死を賭して，100 円を得ようとすることがありうるかという疑問が指摘される．しかし一方で，α が 1 に限りなく近い場合，死の確率は非常に低く，普通の市民生活でも，低い確率で交通事故などによる死亡の危険があるため，やはりこの公理は妥当であるとの議論もある．

公理 NM 3　独立性

任意のくじ $l^1, l^2, l^3 \in L$ と $\alpha \in (0,1)$ に対して

$$l^1 \succsim l^2 \quad \Leftrightarrow \quad \alpha l^1 + (1 - \alpha)l^3 \succsim \alpha l^2 + (1 - \alpha)l^3 \tag{2.58}$$

が成立する．

ある二つのくじ（l^1 と l^2）に対する選好関係が定まっているとき，ある確率 α で当該のくじ（l^1 または l^2）が生起し，その余事象として（確率 $(1 - \alpha)$ で）別の関連のないくじ l^3 が生起する複合くじを考える．独立性の公理は，複合くじに対する選好に対して，関連のない第 3 のくじ l^3 の影響はなく，独立していることを要求する．すなわち，最初に選好していたくじを含む複合くじを選択すべきであることを主張している．

さて，任意の二つのくじ l^1, l^2 が次の確率分布であるとする．

$$l^1 = (p^1_1, x^1_1; \ \ldots; \ p^1_{n^1}, x^1_{n^1}) \in L$$
$$l^2 = (p^2_1, x^2_1; \ \ldots; \ p^2_{n^2}, x^2_{n^2}) \in L$$

von Neumann-Morgenstern の定理では，次のことが示される．

二項関係 $\succsim$ が公理 NM1〜NM3 を満たすならば，任意のくじ $l^1, l^2 \in L$ に対して，

$$l^1 \succsim l^2 \quad \Leftrightarrow \quad \sum_{i=1}^{n^1} p^1_i u(x^1_i) \geq \sum_{i=1}^{n^2} p^2_i u(x^2_i) \tag{2.59}$$

となる効用関数 u が存在し，逆も成り立つ．さらに，u は正の線形変換まで一意である．すなわち

$$v(x) = \alpha u(x) + \beta, \quad \alpha > 0 \tag{2.60}$$

となる v は u と同じ選好を表現する．

この定理におけるくじと期待効用の関係 (2.59) は，2.2 節で与えた関係 (2.7) と同様の結論を示している．

2.8.2 ♦ Savage の定理

Savage の定理における選択の対象は，行為（代替案）である．行為 f は状態（事象）S から結果 X への関数，すなわち $f : S \to X$ であり，行為の集合を F とする．このとき，二項関係 $\succsim$ は二つの行為の関係を表す．Savage の定理における公理は次の七つである．

公理 S 1

二項関係 $\succsim$ は弱順序（完全かつ推移的）である．

この公理は von Neumann-Morgenstern の定理における公理 NM1 と同じである．

公理 S2 以降で用いる記号を定義する．二つの行為 $f, g \in F$ と事象 $A \subset S$ に対して，行為 f_A^g は次のように定義される．

$$f_A^g(s) = \begin{cases} g(s), & s \in A \text{ のとき} \\ f(s), & s \in \bar{A} \text{ のとき} \end{cases} \tag{2.61}$$

ここで，$\bar{A}$ は A の余事象である．行為 f_A^g は，事象 A が生起したとき g であるが，そうでないときは f である．

公理 S 2

四つの行為 $f, g, h, h' \in F$ と事象 $A \subset S$ に対して，

$$f_A^h(s) \succsim g_A^h(s) \quad \Leftrightarrow \quad f_A^{h'}(s) \succsim g_A^{h'}(s) \tag{2.62}$$

である．

$f_A^h(s)$ と $g_A^h(s)$ は，$s \notin A$ のとき，両者とも h で同じであるが，$s \in A$ ときはそれぞれ f と g で異なる．$f_A^{h'}(s)$ と $g_A^{h'}(s)$ は，$s \notin A$ のとき，両者とも h' で同じであるが，$s \in A$ のときはそれぞれ f と g で異なる．$f_A^h(s) \succsim g_A^h(s)$ ならば，$s \notin A$ のとき，両者とも h で同じなので，$s \in A$ のとき $f \succsim g$ となる．

$f_A^{h'}(s)$ と $g_A^{h'}(s)$ を比較すれば，$s \notin A$ のとき，（h ではないが，）両者とも h' で同じである．二つの行為は，$s \in A$ のとき異なっているが，$s \notin A$ のとき，常に一定ではないものの，同じ結果になるとしている．公理 S2 は，$s \notin A$ のとき結果が，何であれ

同じ結果であれば，二つの行為の選好は変わらないことを要求している．

公理 S2 は sure-thing principle（当然原理）とよばれることがある．

◆ **例 2.12　公理 S2 の例：トランプカードと飲み物**

公理 S2 の例として，表 2.16 に示されるような，トランプのカードを引いて飲み物を得る代替案の比較を考える．代替案 1 はカードを引いて，ハートならばコーヒーが得られ，それ以外ならば緑茶が得られる．代替案 2 は，ハートならば紅茶が得られ，それ以外ならば緑茶が得られる．代替案 3 は，ハートならばコーヒーが得られ，それ以外ならばウーロン茶が得られる．代替案 4 は，ハートならば紅茶が得られ，それ以外ならばウーロン茶が得られる．

表 2.16　トランプカードと飲み物

	ハート	ダイヤモンド	スペード	クローバー
代替案 1	コーヒー	緑茶	緑茶	緑茶
代替案 2	紅茶	緑茶	緑茶	緑茶
代替案 3	コーヒー	ウーロン茶	ウーロン茶	ウーロン茶
代替案 4	紅茶	ウーロン茶	ウーロン茶	ウーロン茶

このとき公理 S2 は，代替案 1 を代替案 2 よりも好むならば，代替案 3 を代替案 4 よりも好み，逆に代替案 3 を代替案 4 よりも好むならば，代替案 1 を代替案 2 よりも好むはずであるということを意味している．

公理 S 3

行為 $f \in F$ と非零 (non-null) 事象 $A \subset S$，結果 $x, y \in X$ に対して，

$$x \succsim y \quad \Leftrightarrow \quad f_A^x(s) \succsim f_A^y(s) \tag{2.63}$$

である．

---

s に対する結果 $f_A^x(s)$ と $f_A^y(s)$ は，事象 A が生起したとき，すなわち $s \in A$ のとき，前者は結果 x となり，後者は y となる．そして，A 以外では両者は同じ f である．公理 S3 が要求するような関係は，A が起こりそうでなければ説得力をもたない．その意味で，A が非零事象であること，すなわち A が起こりえない事象ではないことが仮定されている．

公理 S 4

任意の事象 $A, B \subset S$ と $x \succ y, z \succ w$ となる結果 $x, y, z, w \in X$ に対して，

$$y_A^x \succsim y_B^x \quad \Leftrightarrow \quad w_A^z \succsim w_B^z \tag{2.64}$$

である.

公理 S4 では, 事象の起こりやすさの順序付けを取り扱っている. 意思決定者が事象 A が事象 B よりも起こりやすいかどうかを考えているとする. y_A^x は事象 A が生起したとき x が得られ, そうでないとき y が得られることを意味している. 同様に, y_B^x は事象 B が生起したとき x が得られ, そうでないとき y が得られることを意味している. このとき, $x \succ y$ なので, $y_A^x \succsim y_B^x$ を表明する意思決定者は, 事象 A が事象 B よりも起こりやすいと考えていると思われる. しかし, この比較は結果 x と y に依存しているかもしれない. そこで, そのようなことがないように, 公理 S4 ではもう一つの結果の組 z と w に対しても同様に, $w_A^z \succsim w_B^z$ を要求している.

公理 S 5

$f \succ g$ となる行為 $f, g \in F$ が存在する.

公理 S5 は, ある行為が別の行為より選好されることがあると主張している. 仮に, 公理 S5 がなければ, 任意の $f, g \in F$ に対して, $f \sim g$ となってしまう. したがって, 公理 S5 は, 意思決定者が選択したり, ある種の選好を表明するうえで必ず必要とされる.

公理 S 6

$f \succ g$ となる任意の $f, g, h \in F$ に関して

$$\text{すべての } i \leq n \text{ に対して } f_{A_i}^h \succ g \text{ かつ } f \succ g_{A_i}^h \tag{2.65}$$

となる S の分割 $\{A_1, \ldots, A_n\}$ が存在する.

公理 S6 では, $f \succ g$ のとき, f と f' が $A_1, \ldots, A_n$ のうちで一つだけで異なるならば, f と f' が十分近いので $f' \succ g$ となり, また同様に十分に近い g と g' に対して, $f \succ g'$ となることを要求しており, ある種の連続性を意味している. すなわち, S の分割が微細になり, 十分小さな事象で f または g を変更しても, 強意の選好は変化しない. さらに, 状態空間 S は有限に多くの事象に分割され, それらの一つひとつはあまり大きくなってはいけないことを, 公理 S6 は要求している.

> **公理 S 7**
>
> 　任意の $f, g \in F$ と事象 $A \subset S$ に関して，任意の $s \in A$ に対して $f \succsim_A g(s)$ ならば，$f \succsim_A g$ であり，任意の $s \in A$ に対して $g(s) \succsim_A f$ ならば，$g \succsim_A f$ である．ここで，A が与えられたもとで $f \succsim g$ となるとき，$f \succsim_A g$ と書く．

　公理 S7 は，任意の s に対して行為 g が得る特定の結果 $g(s)$ よりも行為 f が好まれるか，無差別であるならば，f は g よりも好まれるか，無差別であることを要求している．

　Savage の定理では，次のことが示される．

> 　二項関係 $\succsim$ が公理 S1～S7 を満たすならば，すべての $f, g \in F$ に対して
>
> $$f \succsim g \quad \Leftrightarrow \quad \int_S u(f(s))dP(s) \geq \int_S u(g(s))dP(s) \tag{2.66}$$
>
> となる S 上の確率測度 P と効用関数 $u : X \to R$ が存在し，逆も成り立つ．さらに，P は一意で，u は正の線形変換まで一意である．

　離散の場合には，次のように表現できる．

$$f \succsim g \quad \Leftrightarrow \quad \sum_{s \in S} P(s)u(f(s)) \geq \sum_{s \in S} P(s)u(g(s)) \tag{2.67}$$

　この定理における行為と期待効用の関係 (2.66) も，2.2 節で与えた関係 (2.9) が von Neumann-Morgenstern の定理で得られた関係と同様な結論を示している．

2.9　期待効用最大化原理に関する反例

　期待効用最大化原理では，これを正当化するための公理を意思決定者が認めれば，最大の期待効用をもつ代替案を選択すべきであることを要請している．意思決定者が利用する意思決定モデルをよく理解しているのであれば，あるいは手法をよく理解している意思決定の分析者が適切に意思決定を支援し，意思決定者が合理的であろうとしているのであれば，期待効用最大化の原理は適切に機能すると考えられる．しかし，日常生活のさまざまな状況で一般の人々が意思決定する場合，必ずしも合理的な意思決定は期待できないことがある．

2.9.1 ◆ Allais の実験による反例

期待効用最大化原理に対して疑問を投げかけた Allais の実験 (1953) では，図 2.52 に示すようなくじの選択を被験者に求めた[†]．すなわち，左のくじのペア a_1 と a_2，右のくじのペア a_3 と a_4 のそれぞれに対して，被験者は選好するくじを選択する．a_1 は確実に 100 万円が与えられ，a_2 は確率 0.1 で 500 万円，確率 0.89 で 100 万円，確率 0.01 で 0 円（何も与えられない）が与えられる．a_3 は確率 0.1 で 500 万円が与えられ，確率 0.9 で何も与えられない．a_4 は確率 0.11 で 100 万円が与えられ，確率 0.89 で何も与えられない．とくに，a_1 の結果は，確実な結果で，確率 1 で 100 万円を得るくじと解釈できる．このようになくじを退化くじとよぶ．

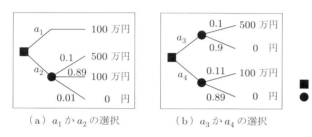

（a）a_1 か a_2 の選択　　（b）a_3 か a_4 の選択

図 2.52　Allais の反例

実験の結果では，$a_1 \succ a_2$ および $a_3 \succ a_4$ の選好を示す被験者がいたが，このような選好は期待効用最大化原理に反する．このことを実際に確かめてみよう．最良の結果を 500 万円，最悪の結果を 0 円とし，

$$u(0 \text{ 円}) = 0, \qquad u(500 \text{ 万円}) = 1$$

とする．さらに，100 万円の効用を

$$u(100 \text{ 万円}) = \pi$$

と仮定する．確実な結果である退化くじ a_1 の（期待）効用値は

$$EU(a_1) = u(100 \text{ 万円}) = \pi$$

であり，くじ a_2 の期待効用値は

$$EU(a_2) = 0.1u(500 \text{ 万円}) + 0.89u(100 \text{ 万円}) + 0.01u(0 \text{ 円}) = 0.1 + 0.89\pi$$

である．期待効用最大化原理に従うとき，$a_1 \succ a_2$ ならば，

[†] ここでは，通貨単位は円に変更している．

$$EU(a_1) = \pi > EU(a_2) = 0.1 + 0.89\pi$$

より，$\pi > 10/11$ を満たさなければならない．

一方，$a_3 \succ a_4$ ならば，同様に期待効用最大化原理に従えば，

$$EU(a_3) = 0.1u(500\,万円) + 0.9u(0\,円) = 0.1$$
$$> EU(a_4) = 0.11u(100\,万円) + 0.89u(0\,円) = 0.11\pi$$

となり，$\pi < 10/11$ を満足しなければならない．しかし，これらが両立する π は存在しない．したがって，$a_1 \succ a_2$ かつ $a_3 \succ a_4$ という選好は期待効用最大化原理と整合しない．

上記のような選好は，次のように解釈される．a_1 と a_2 の比較では，a_2 には小さい確率であるが何も得られないというリスクがあるが，a_1 は退化くじで確実に 100 万円が得られるために，一部の人々には好まれることがある．このように，確実な代替案が選択されやすい傾向のことは，確実性効果といわれる．a_3 と a_4 の比較では，両者とも何も得られないというリスクはあるものの，a_3 は若干確率は低くなるが，比較的大きな金銭が得られるので，好まれやすいといえる．

2.9.2 ♦ Raiffa の議論

一方，Raiffa (1968) は Allais の反例に対して，図 2.53 に示すように，二つの代替案 A と B の選択の前に，意思決定者に 89 個の赤球と 11 個の白球の入ったつぼから一つの球をとらせる行為を追加して，赤球であれば賞金 Q を得て終わり，白球であれば，代替案 A か B を選択させる問題を考えた．代替案 A は a_1 と同じく確実に 100 万円を与える退化くじであり，代替案 B は確率 10/11 で 500 万円を与え，確率 1/11 で何も与えないくじである．このとき被験者に，次の二つの質問をする．

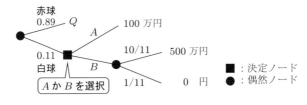

図 2.53 Raiffa の議論

- 代替案 A か B の選択が，賞金 Q の値に依存するか．
- 白球を取り出す前の代替案 A か B の選択と，実際に白球を取り出した後の代替案の選択は異なることがあるか．

これらの質問に対して，多くの被験者は両方とも否定すると主張している．

さて，Q を 100 万円とし，$u(100 万円) = \pi$ とすると，代替案 A を選択するときの期待効用は，

$$EU(A) = 0.89u(100 万円) + 0.11u(100 万円) = \pi$$

となり，前項でみた代替案 a_1 の期待効用と同じである．代替案 B を選択するときの期待効用は

$$EU(B) = 0.89u(100 万円) + 0.11\left\{ \frac{10}{11}u(500 万円) + \frac{1}{11}u(0 円) \right\}$$
$$= 0.89\pi + 0.1$$

となり，前項の代替案 a_2 の期待効用と同じ値になる．

次に，Q を 0 円とすると，代替案 A を選択するときの期待効用は

$$EU(A) = 0.89u(0 円) + 0.11u(100 万円) = 0.11\pi$$

となり，前項の代替案 a_4 の期待効用と同じである．代替案 B を選択するときの期待効用は

$$EU(B) = 0.89u(0 円) + 0.11\left\{ \frac{10}{11}u(500 万円) + \frac{1}{11}u(0 円) \right\} = 0.1$$

となり，前項の代替案 a_3 の期待効用と同じ値になる．

このとき，Q の値にかかわらず代替案 A を選択することは，$a_1 \succ a_2$ かつ $a_4 \succ a_3$ を意味し，Q の値にかかわらず代替案 B を選択することは，$a_2 \succ a_1$ かつ $a_3 \succ a_4$ を意味する．「代替案 A か B の選択が，賞金 Q の値に依存するか」という質問と，「白球を取り出す前の代替案 A か B かの選択と，実際に白球を取り出した後の代替案の選択は異なることがあるか」という質問の両者を否定する場合，$a_1 \succ a_2$ および $a_3 \succ a_4$ となる選好はありえない．

このような選択行動は，同じ長さの二つの直線の両端に反対向きの矢印を付けたときに直線の長さが違ってみえるような，ある種の認知上の錯覚として解釈できるとの主張がある．

2.10 プロスペクト理論

前節で示したようないくつかの実験で，人々が期待効用最大化原理では説明できない行動をとっていることが指摘され，このような行動に適応する理論が提案されてきた．その中でも Tversky と Kahneman によるプロスペクト理論は，期待効用最大化

原理を拡張した理論として広く知られている．この節では，Wakker (2010) に基づいて，プロスペクト理論とその背景を説明する．

2.10.1 ◆ 重みづけ確率に対する期待値

プロスペクト理論を紹介する前に，この理論の基礎となる考えを順に示していく．

(1) 確率重み

くじ $(p_1, x_1; \ldots; p_n, x_n)$ の評価として，その期待値

$$\sum_{i=1}^{n} p_i x_i \tag{2.68}$$

を用いることは自然である．

しかし，St. Petersburg のパラドックスで示されるように，くじの評価に対して期待値を用いることが必ずしも適切ではない場合があった．この問題を解決するために，結果 x に対する非線形変換と考えられる効用 $u(x)$ を用いて，その期待値，すなわち，次の期待効用が導入された．

$$\sum_{i=1}^{n} p_i u(x_i) \tag{2.69}$$

2.3 節では，意思決定者のリスク態度をリスク回避的であると仮定して，凹関数の効用関数を用いた期待効用最大化原理に基づいて St. Petersburg のパラドックスを解決したが，これとは異なるアプローチも考えられる．すなわち，結果 x に対する非線形変換ではなく，確率 p に対する非線形変換（確率重み）$w(p)$ を考えれば，次のようなくじの評価も可能である．

$$\sum_{i=1}^{n} w(p_i) x_i \tag{2.70}$$

たとえば，図 2.54 に示されるような確率 p に対する**確率重み関数** (probability weighting function) $w(p)$ を導入し，重みづけされた確率に対する期待値が考えられる．この図に示した確率重み関数 w は，Tversky と Kahneman によって提案された，パラメータ c をもつ関数

$$w(p) = \frac{p^c}{\{p^c + (1-p)^c\}^{1/c}} \tag{2.71}$$

である．この図では，$c = 0.61$ の場合のグラフを示している．一般に，人々は小さい確率を過大に評価し，それにともない比較的大きな確率を過小評価する場合があることが知られている．図 2.54 の確率重み $w(p)$ は，そのような性質を表現している．

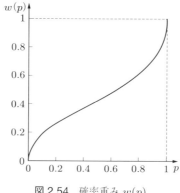

図 2.54 確率重み $w(p)$

(2) 確率重みのアプローチの欠陥

たとえば、くじ $(0.5, 100; \ 0.5, 0)$ と確実な結果 25 が無差別、すなわち

$$25 \sim (0.5, 100; \ 0.5, 0)$$

であると意思決定者が判断したとする。このとき、$u(0) = 0$, $u(100) = 1$ とし、効用を凹関数 $u(x) = \sqrt{x}/10$ とした期待効用 $\sum_{i=1}^{n} p_i u(x_i)$ は、上記の無差別関係と整合する。実際、

$$左辺 25 \qquad\qquad \Rightarrow \quad u(25) = \sqrt{25}/10 = 0.5$$

$$右辺 (0.5, 100; \ 0.5, 0) \quad \Rightarrow \quad 0.5u(100) + 0.5u(0) = 0.5$$

となり、左辺と右辺の期待効用値が一致することがわかる。

また、$w(p) = p^2$ とした場合の確率重みと結果の積（重みづけ確率に対する期待値）$\sum_{i=1}^{n} w(p_i)x_i$ も同じように整合する。なぜなら、

$$左辺 25 \qquad\qquad \Rightarrow \quad 25$$

$$右辺 (0.5, 100; \ 0.5, 0) \quad \Rightarrow \quad w(0.5) \times 100 + w(0.5) \times 0 = 0.25 \times 100 = 25$$

となるからである。

このように考えれば、重みづけ確率に対する期待値 $\sum_{i=1}^{n} w(p_i)x_i$ は有効なアプローチのようではある。しかし残念ながら、このアプローチには以下に示すような重大な欠陥があることが指摘されている。

$x_1 > x_2 > \cdots > x_n$ を満たすくじ $(p_1, x_1; \ \ldots; \ p_n, x_n)$ に対して、最大の結果 x_1 の値が減少し、x_2 に収束する $(x_1 \to x_2)$ 遷移

$$(p_1, x_1; \ p_2, x_2; \ p_3, x_3; \ \ldots; \ p_n, x_n) \to (p_1 + p_2, x_2; \ p_3, x_3; \ \ldots; \ p_n, x_n)$$

を考える. すると, 結果 x_1 が生起する確率 p_1 は結果 x_2 が生起するもとの確率 p_2 と合わさって, 遷移後は結果 x_2 が生起する確率は $p_1 + p_2$ となる. よって, 通常の期待値を考える場合であれば, 結果 x_1 の値が減少し, x_2 と等しくなることによる期待値の減少は次のようになり, 問題は生じない.

$$p_1 x_1 + p_2 x_2 + p_3 x_3 + \cdots + p_n x_n \rightarrow (p_1 + p_2) x_2 + p_3 x_3 + \cdots + p_n x_n$$

しかし, 重みづけ確率に対する期待値 $\sum_{i=1}^{n} w(p_i) x_i$ を考える場合には, 非線形の確率重み $w(p)$ を導入しているので, 問題が生じる. 一般に, 確率 p_1 と p_2 に関して,

$$w(p_1 + p_2) \neq w(p_1) + w(p_2)$$

となる. 一方の可能性として左辺のほうが大きい場合, すなわち

$$w(p_1 + p_2) > w(p_1) + w(p_2)$$

の場合を考える. このとき, 重みづけ確率に対する期待値は次のように変化する.

$$w(p_1) x_1 + w(p_2) x_2 + w(p_3) x_3 + \cdots + w(p_n) x_n$$
$$\rightarrow w(p_1 + p_2) x_2 + w(p_3) x_3 + \cdots + w(p_n) x_n$$

この変化は図 2.55 に示される. $w(p_1 + p_2) > w(p_1) + w(p_2)$ の場合, この図に示されるように, 結果 x_1 の値が減少するにつれて, 重みづけ確率に対する期待値も連続的に減少するが, x_2 に収束した瞬間に, 期待値が濃い灰色の面積分 $\{w(p_1 + p_2) - w(p_1) - w(p_2)\} x_2$ だけ不連続に増加する. つまり, 結果 x_1 の値の減少が期待値を不連続に増加させるという矛盾した結果をもたらす.

$w(p_1 + p_2) < w(p_1) + w(p_2)$ の場合でも同様な問題が生じる. さらに, 結果 x_i を効用値 $u(x_i)$ に一般化した重みづけ確率に対する期待効用

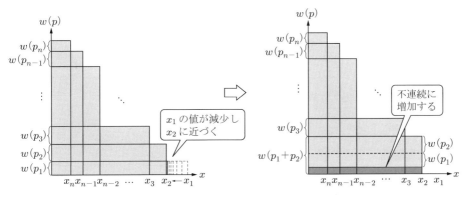

図 2.55 重みづけ確率に対する期待値の変化 ($w(p_1 + p_2) > w(p_1) + w(p_2)$ のとき)

$$\sum_{i=1}^{n} w(p_i)u(x_i)$$

に関しても，同様のことがいえる.

2.10.2 ◆ ランク依存効用

前項で示した不連続性の問題は，次に定義するランクという概念を用いることによって解決できる.

定義 2.8　ランク

$x_1 \geq x_2 \geq \cdots \geq x_n$ を満たすくじ $(p_1, x_1; \ldots; p_n, x_n)$ における確率 p_i とそれに対応する結果 x_i に対して，結果 x_i より強意によい結果を受け取る（順位の高い結果を受け取る）確率を，確率 p_i の**ランク** (rank) とよぶ.

形式的には，確率 p_i のランクを r_i と書けば，

$$r_i = p_{i-1} + p_{i-2} + \cdots + p_1 \tag{2.72}$$

となる. ただし，$r_1 = 0$ である.

確率 p_i は結果 x_i に対応するので，結果確率とよぶ. さらに，結果確率 p_i のランクは結果 x_i のランクともよばれる.

結果確率 p あるいは結果 x とランク r の関係は図 2.56 に示される. 右のグラフの灰色の右上側の境界は，確率を右側から累積していった右側累積分布関数であり，ランクを表している.

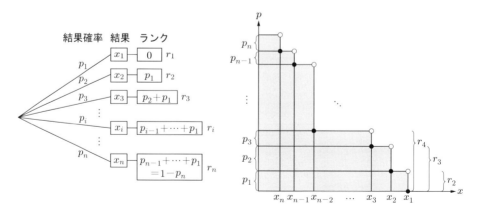

図 2.56　結果確率あるいは結果とランク

図 2.56 からわかるように，小さい数のランクはよりよい結果，大きい数のランクは
より悪い結果に対応している．とくに，$r = r_1 = 0$ は最良の結果 x_1 のランクであり，
$r = r_n = p_{n-1} + \cdots + p_1 = 1 - p_n$ は最悪の結果 x_n のランクとなっている．

次に，確率重み関数 w を用いて，結果確率 p_i とそのランク r_i に依存するように，
結果 x_i に対する決定重みというものを定義する．確率重み関数 w は確率 p を非線形
に変換する関数で，$w(0) = 0$ と $w(1) = 1$ を満たす $[0,1]$ から $[0,1]$ への強意増加関
数である．0 と 1 での非連続性は，実験的に興味深いこともあり，一般に確率重み関
数 w に対して連続性は要求されない．結果確率 p とそのランク r のペアは**ランク確
率** (ranked probability) とよばれ，p^r と表記され，その決定重みは次のように定義さ
れる．

定義 2.9　決定重み

　ランク確率 p^r の**決定重み** (decision weight) $\pi(p^r)$ を，確率重み関数 w で重
みづけされた確率 $p + r$ と確率 r との差，すなわち

$$\pi(p^r) = w(p+r) - w(r) \tag{2.73}$$

とする．

定義から，決定重み $\pi(p^r)$ は確率重み $w(p+r)$ と $w(r)$ の差，つまり r から $p+r$
に増加するときの p の貢献度を表しており，ランク r に対する結果確率 p の確率重み
w の限界貢献値と解釈できる．決定重み $\pi(p^r)$ を用いた期待効用を拡張した概念を，
次のように定義できる．

定義 2.10　ランク依存効用

　u を効用関数，w を確率重み関数とし，$x_1 \geq x_2 \geq \cdots \geq x_n$ を満たすくじ
$l = (p_1, x_1; \ldots; p_n, x_n)$ に対する**ランク依存効用** (rank-dependent utility)
RDU を

$$RDU(l) = \pi(p_1^{r_1})u(x_1) + \pi(p_2^{r_2})u(x_2) + \cdots + \pi(p_n^{r_n})u(x_n) \tag{2.74}$$

とする．ここで，r_i はランクであり，$p_i^{r_i}$ はランク確率である．

実際，期待効用は次のようにランク依存効用に拡張できる．最初に，くじ $l = (p_1, x_1;$
$\ldots; p_n, x_n)$ の期待効用は

$$EU(l) = p_1 u(x_1) + p_2 u(x_2) + \cdots + p_n u(x_n)$$

となる．ここで，結果確率 p に直接確率重み w を考えれば，重みづけされた確率に対する期待値は

$$EWU(l) = w(p_1)u(x_1) + w(p_2)u(x_2) + \cdots + w(p_n)u(x_n)$$

となり，上述の不連続性の問題が生じる．そこで，期待効用は

$$EU(l) = p_1 u(x_1) + p_2 u(x_2) + \cdots + p_n u(x_n)$$
$$= p_1 u(x_1) + \{(p_2 + p_1) - p_1\}u(x_2) + \cdots$$
$$\cdots + \{(p_n + \cdots + p_1) - (p_{n-1} + \cdots + p_1)\}u(x_n)$$

と表せるので，効用の重みがランクの差で表現されていることがわかる．ランクに確率重み w を導入し，期待効用を拡張すれば，ランク依存効用は

$$RDU(l) = w(p_1)u(x_1) + \{w(p_2 + p_1) - w(p_1)\}u(x_2) + \cdots$$
$$\cdots + \{w(p_n + \cdots + p_1) - w(p_{n-1} + \cdots + p_1)\}u(x_n)$$
$$= \pi(p_1^0)u(x_1) + \pi(p_2^{p_1})u(x_2) + \cdots + \pi(p_n^{p_{n-1}+\cdots+p_1})u(x_n)$$
$$= \pi(p_1^{r_1})u(x_1) + \pi(p_2^{r_2})u(x_2) + \cdots + \pi(p_n^{r_n})u(x_n)$$

のように表現できる．ランク依存効用では，確率重み関数 w は結果確率 p を変換するのでなく，ランク r を変換することに注意が必要である．

◆ **例 2.13　期待効用，重みづけ確率に対する期待効用，ランク依存効用の比較**

(1) 図 2.57 に示すようなくじ $l = (0.25, 1000;\ 0.25, 500;\ 0.25, 250;\ 0.25, 90)$ を考える．
　確率重み関数 $w(p)$ は，図 2.54 の関数を用いて，効用関数 $u(x)$ は，例 2.9 の図 2.49 に示される関数を用いる．この場合，

$$w(0.25) = 0.291, \qquad w(0.5) = 0.421, \qquad w(0.75) = 0.568$$
$$u(1000) = 1, \qquad u(500) = 0.75, \qquad u(250) = 0.5, \qquad u(90) = 0.25$$

となる．

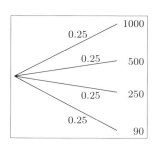

図 2.57　くじ $l = (0.25, 1000;\ 0.25, 500;\ 0.25, 250;\ 0.25, 90)$

このくじ l に対する期待効用 $EU(l)$ は,

$$EU(l) = 0.25u(1000) + 0.25u(500) + 0.25u(250) + 0.25u(90)$$

$$= \mathbf{0.25} \times 1 + \mathbf{0.25} \times 0.75 + \mathbf{0.25} \times 0.5 + \mathbf{0.25} \times 0.25 = 0.625$$

である. 重みづけ確率に対する期待効用 $EWU(l)$ は,

$$EWU(l) = w(0.25)u(1000) + w(0.25)u(500) + w(0.25)u(250) + w(0.25)u(90)$$

$$= \mathbf{0.291} \times 1 + \mathbf{0.291} \times 0.75 + \mathbf{0.291} \times 0.5 + \mathbf{0.291} \times 0.25 = 0.728$$

である. ランク依存効用 $RDU(l)$ は,

$$RDU(l) = w(0.25)u(1000) + \{w(0.5) - w(0.25)\}u(500)$$

$$+ \{w(0.75) - w(0.5)\}u(250) + \{1 - w(0.75)\}u(90)$$

$$= \mathbf{0.291} \times 1 + \mathbf{0.130} \times 0.75 + \mathbf{0.147} \times 0.5 + \mathbf{0.432} \times 0.25 = 0.570$$

である. これら $EU(l)$, $EWU(l)$, $RDU(l)$ の値を直接比較しても意味はないが, 共通となる効用値 $u(1000)$, $u(500)$, $u(250)$, $u(90)$ の係数 (太字の部分) に着目しよう. $EU(l)$, $EWU(l)$ に関しては, それぞれ 0.25 と 0.291 で同じ係数である. 一方, $RDU(l)$ の係数はすべて異なり, 両端の $u(1000)$, $u(90)$ に対する係数 0.291 と 0.432 が, $u(500)$, $u(250)$ の係数 0.130 と 0.147 に比べて大きくなっている.

(2) 次に, くじ $l^1 = (0.25, 500; \ 0.25, 500; \ 0.25, 250; \ 0.25, 250)$ を考える (図 2.58 参照).

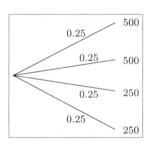

図 2.58 くじ $l^1 = (0.25, 500; \ 0.25, 500; \ 0.25, 250; \ 0.25, 250)$

くじ l^1 は, くじ $l^2 = (0.5, 500; \ 0.5, 250)$ と本質的には同じである. それぞれのくじに対して, EU, EWU, RDU の値を計算すると次のようになる.

$$EU(l^1) = 0.25u(500) + 0.25u(500) + 0.25u(250) + 0.25u(250)$$

$$= \mathbf{0.25} \times 0.75 + \mathbf{0.25} \times 0.75 + \mathbf{0.25} \times 0.5 + \mathbf{0.25} \times 0.5 = 0.625$$

$$EU(l^2) = 0.5u(500) + 0.5u(250) = \mathbf{0.5} \times 0.75 + \mathbf{0.5} \times 0.5 = 0.625$$

$$EWU(l^1) = w(0.25)u(500) + w(0.25)u(500) + w(0.25)u(250) + w(0.25)u(250)$$

$$= \mathbf{0.291} \times 0.75 + \mathbf{0.291} \times 0.75 + \mathbf{0.291} \times 0.5 + \mathbf{0.291} \times 0.5 = 0.728$$

$$EWU(l^2) = w(0.5)u(500) + w(0.5)u(250) = \mathbf{0.421} \times 0.75 + \mathbf{0.421} \times 0.5 = 0.526$$

$$RDU(l^1) = w(0.25)u(500) + \{w(0.5) - w(0.25)\}u(500)$$

$$+ \{w(0.75) - w(0.5)\}u(250) + \{1 - w(0.75)\}u(250)$$

$$= \mathbf{0.291} \times 0.75 + \mathbf{0.130} \times 0.75 + \mathbf{0.147} \times 0.5 + \mathbf{0.432} \times 0.5 = 0.605$$

$$RDU(l^2) = w(0.5)u(500) + \{1 - w(0.5)\}u(250)$$

$$= \mathbf{0.421} \times 0.75 + \mathbf{0.579} \times 0.5 = 0.605$$

$EU(l^1) = EU(l^2)$, $RDU(l^1) = RDU(l^2)$ であるが，$EWU(l^1) \neq EWU(l^2)$ であり，EWU は本質的に同じくじ l^1 と l^2 に，異なる評価を与えている．重みづけ確率に対する期待効用には問題があることがこの例からもわかる．

◆ 例 2.14　ランク依存効用を用いた Allais の実験結果の解釈

ランク依存効用が Allais の反例に適応できることを示す．Allais の実験で被験者は，2 種類のくじの二者択一課題を要求される．一つ目の課題では，次の二つのくじが比較される．

$$a_1 : 100 \text{（確実な結果：退化くじ）}$$

$$a_2 : (0.1, 500;\ 0.89, 100;\ 0.01, 0)$$

この比較では，退化くじ a_1 の確実性を重視して，$a_1 \succ a_2$ という選好を示す被験者がいる．
2 番目の課題は，次の二つのくじの比較である．

$$a_3 : (0.1, 500;\ 0.9, 0)$$

$$a_4 : (0.11, 100;\ 0.89, 0)$$

この比較では，a_3 と a_4 のどちらも結果が 0 となるほぼ同程度のリスクがあるが，a_3 のよいほうの結果 500 が a_4 のよいほうの結果 100 よりも大きいので，$a_3 \succ a_4$ という選好を示す被験者がいる．

すなわち，二つの課題において，$a_1 \succ a_2$ と $a_3 \succ a_4$ の選好を示す被験者がいる．

くじ a_1, a_2, a_3, a_4 は，結果確率をそろえて，次のように書きかえることができる．

$$a_1 : (0.1, 100;\ 0.89, 100;\ 0.01, 100)$$

$$a_2 : (0.1, 500;\ 0.89, 100;\ 0.01,\quad 0)$$

$$a_3 : (0.1, 500;\ 0.01,\quad 0;\ 0.89,\quad 0)$$

$$a_4 : (0.1, 100;\ 0.01, 100;\ 0.89,\quad 0)$$

それぞれのくじのランク依存効用は

$$RDU(a_1) = \pi(0.1^0)u(100) + \pi(0.89^{0.1})u(100) + \pi(0.01^{0.99})u(100)$$

$$RDU(a_2) = \pi(0.1^0)u(500) + \pi(0.89^{0.1})u(100) + \pi(0.01^{0.99})u(0)$$

$$RDU(a_3) = \pi(0.1^0)u(500) + \pi(0.01^{0.1})u(0) + \pi(0.89^{0.11})u(0)$$

$$RDU(a_4) = \pi(0.1^0)u(100) + \pi(0.01^{0.1})u(100) + \pi(0.89^{0.11})u(0)$$

である.

選好 $a_1 \succ a_2$ と $a_3 \succ a_4$ は,ランク依存効用の関係

$$RDU(a_1) > RDU(a_2)$$

$$RDU(a_3) > RDU(a_4)$$

と対応する.この関係から

$$\pi(0.01^{0.99})\{u(100) - u(0)\} > \pi(0.1^0)\{u(500) - u(100)\}$$

$$\pi(0.1^0)\{u(500) - u(100)\} > \pi(0.01^{0.1})\{u(100) - u(0)\}$$

を得るので,

$$\pi(0.01^{0.99}) > \pi(0.01^{0.1})$$

を満たすような決定重み π に対するランク依存効用は,Allais の反例に適応できることになる.

式 (2.71) および図 2.54 に示した確率重み関数

$$w(p) = \frac{p^c}{\{p^c + (1-p)^c\}^{1/c}}, \qquad c = 0.61$$

は,上記の関係を満たす.パラメータ c が $c = 0.61$ である場合,実験データにもっとも適合しているとされている.実際,この関数 w を用いると,

$$\pi(0.01^{0.99}) = w(0.01 + 0.99) - w(0.99) = 1 - 0.9116 = 0.0884$$

$$\pi(0.01^{0.1}) = w(0.01 + 0.1) - w(0.1) = 0.1952 - 0.1769 = 0.0183$$

となり,$\pi(0.01^{0.99}) > \pi(0.01^{0.1})$ を満たし,選好 $a_1 \succ a_2$ と $a_3 \succ a_4$ にランク依存効用は適応できている.

2.10.3 ♦ プロスペクト理論

現実の人々の中には,得られた金銭額の合計,あるいは最終財産によって,くじを評価するのではなく,ある基準点からの差異でくじを評価する人もいる.次の確実な結果とくじの 2 種類の比較を考えよう.

比較 1 50(確実な結果) と (0.5, 100; 0.5, 0)

比較 2 −50(確実な結果) と (0.5, −100; 0.5, 0)

実験における比較 1 では,確実な結果 50 を選択し(リスク回避的),比較 2 では,

くじ $(0.5, -100; \ 0.5, 0)$ を選択する（リスク受容的）被験者が多い．このように，結果が（正の）利得か損失によって，異なる特性を示しており，効用は 0 を境にずれが生じていると考えられる．

プロスペクト理論 (prospect theory) では，0 を基準にとり，利得よりも損失に関して敏感であるように，利得と損失で異なる確率重みを与える．すなわち，基準点に従う比較である**参照点依存**と，利得よりも損失に敏感なリスク態度を示す**損失回避**を導入して，ランク依存効用を一般化している．

ここで，

$$x_1 \geq \cdots \geq x_k \geq 0 \geq x_{k+1} \geq \cdots \geq x_n \tag{2.75}$$

を満たすくじ

$$l = (p_1, x_1; \ \ldots; \ p_k, x_k; \ p_{k+1}, x_{k+1}; \ \ldots; \ p_n, x_n) \tag{2.76}$$

を考える．プロスペクト理論では，利得と損失でのランクを別々に考えて，それぞれ利得ランクおよび損失ランクとよぶ．利得ランクおよび損失ランクに対する確率重み関数をそれぞれ w^+ と w^- とする．結果 x_i に対する決定重みは，$x_i > 0$ のとき，すなわち $i \leq k$ のとき

$$\pi_i = \pi(p_i^{p_{i-1} + \cdots + p_1}) = w^+(p_i + \cdots + p_1) - w^+(p_{i-1} + \cdots + p_1) \tag{2.77}$$

であり，結果 x_j が $x_j < 0$ のとき，すなわち $j \geq k+1$ のとき

$$\pi_j = \pi(p_{j\,p_{j+1} + \cdots + p_n}) = w^-(p_j + \cdots + p_n) - w^-(p_{j+1} + \cdots + p_n) \tag{2.78}$$

と定義される．ここで，損失ランクに対する決定重みの記号では，損失ランク $p_{j+1} + \ldots + p_n$ は下付き添え字で表している．プロスペクト理論での，参照点依存と損失回避を導入したランク依存効用を PT と表すと，

$$
\begin{aligned}
PT(l) &= \sum_{i=1}^{n} \pi_i u(x_i) \\
&= \sum_{i=1}^{k} \pi(p_i^{p_{i-1} + \cdots + p_1}) u^+(x_i) + \sum_{j=k+1}^{n} \pi(p_{j\,p_{j+1} + \cdots + p_n}) u^-(x_j) \\
&= \sum_{i=1}^{k} \{w^+(p_i + \cdots + p_1) - w^+(p_{i-1} + \cdots + p_1)\} u^+(x_i) \\
&\qquad + \sum_{j=k+1}^{n} \{w^-(p_j + \cdots + p_n) - w^-(p_{j+1} + \cdots + p_n)\} u^-(x_j)
\end{aligned}
$$

$$\tag{2.79}$$

となる. ただし,

$$u(x) = \begin{cases} u^+(x), & x > 0 \\ 0, & x = 0 \\ u^-(x), & x < 0 \end{cases} \tag{2.80}$$

である.

　プロスペクト理論では, 確率重み関数 w^+ と w^- および効用関数 $u(x)$ として, 次のような関数がしばしば採用される.

$$w^+(p) = \frac{p^c}{\{p^c + (1-p)^c\}^{1/c}}; \quad c = 0.61$$

$$w^-(p) = \frac{p^{c^1}}{\{p^{c^1} + (1-p)^{c^1}\}^{1/c^1}}; \quad c^1 = 0.69$$

$$u(x) = \begin{cases} x^\theta, & x > 0; \ \theta = 0.88 \\ 0, & x = 0 \\ -\lambda(-x)^{\theta'}, & x < 0; \ \lambda = 2.25, \ \theta' = 0.88 \end{cases}$$

w^+ は図 2.54 に示した関数であり, w^- のパラメータ c^1 は w^+ のパラメータ c より若干大きめに設定されている. また, 図 2.59 に示すように, u はパラメータ λ の影響で, 同じ絶対値の x に対して負の値がより小さくなっている.

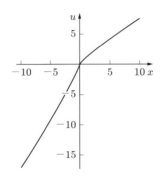

図 2.59　プロスペクト理論における効用関数

2.10.4 ♦ 事象重み関数

　本節では, これまで確率 $p_1, \ldots, p_n$ でそれぞれ結果 $x_1, \ldots, x_n$ が得られる確率くじ $(p_1, x_1; \ \ldots; \ p_n, x_n)$ を考えてきたが, 事象 $E_1, \ldots, E_n$ が生起したとき, それぞれ結果 $x_1, \ldots, x_n$ が得られる事象くじ

$$l = (E_1, x_1; \ldots; E_n, x_n) \tag{2.81}$$

についても，同様にランク依存効用を考えることができる．そのために，事象に関するランクを定義する．

定義 2.11 事象に関するランク

　結果が $x_1 \geq x_2 \geq \cdots \geq x_n$ を満たす事象くじ $(E_1, x_1; \ldots; E_n, x_n)$ における事象 E_i とそれに対応する結果 x_i に対して，結果 x_i より，強意によい結果を受け取る事象の和集合を事象 E_i のランクとよぶ．

　形式的には，事象 E_i のランクを R_i と書けば，

$$R_i = E_{i-1} \cup E_{i-2} \cup \cdots \cup E_1 \tag{2.82}$$

となる．ただし，$R_1 = \emptyset$ である．事象 E_i は結果 x_i に対応するので，結果事象とよぶ．さらに，結果事象 E_i のランクは結果 x_i のランクともよばれる．

結果事象 E あるいは結果 x とランク R の関係は，図 2.60 に示される．

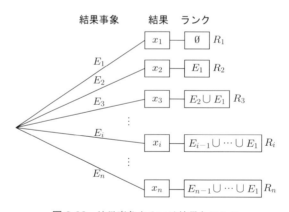

図 2.60　結果事象あるいは結果とランク

　事象 E に対して，**事象重み関数** (event weighting function) W を考える．ただし，任意の事象 E に対して，$W(E) \in [0, 1]$ とする．W は確率測度ではないので，$A \cap B = \emptyset$ を満たす事象 A, B に対して，一般に

$$W(A \cup B) \neq W(A) + W(B) \tag{2.83}$$

となるが，次の三つの性質をもつと仮定される．

$$W(\emptyset) = 0 \tag{2.84}$$

$$W(S) = 1 \quad (S：全体集合) \tag{2.85}$$

$$A \supset B \quad \Rightarrow \quad W(A) \geq W(B) \tag{2.86}$$

このような関数 W はキャパシティー (capacity) や非加法的確率測度ともよばれる.

結果事象 E とそのランク R のペアはランク事象とよばれ，E^R と表記され，その決定重みは次のように定義される.

定義 2.12　ランク事象に関する決定重み

ランク事象 E^R の決定重みは，事象 $E \cup R$ と事象 R の事象重み関数 W の値の差，すなわち

$$\pi(E^R) = W(E \cup R) - W(R) \tag{2.87}$$

である.

$x_1 \geq \cdots \geq x_n$ を満たす事象くじ $l = (E_1, x_1;\ \ldots;\ E_n, x_n)$ に対して，x_i や E_i のランク R_i は

$$R_i = E_{i-1} \cup \cdots \cup E_1$$

なので，結果 x_i に対する決定重みは

$$\begin{aligned}
\pi(E_i^{R_i}) &= W(E_i \cup R_i) - W(R_i) \\
&= W(E_i \cup \cdots \cup E_1) - W(E_{i-1} \cup \cdots \cup E_1)
\end{aligned} \tag{2.88}$$

と書ける.

定義 2.13　事象くじのランク依存効用

u を効用関数，W を事象重み関数とする. このとき，$x_1 \geq x_2 \geq \cdots \geq x_n$ を満たす事象くじ $l = (E_1, x_1;\ \ldots;\ E_n, x_n)$ に対するランク依存効用は，

$$RDU(l) = \pi(E_1^{R_1})u(x_1) + \pi(E_2^{R_2})u(x_2) + \cdots + \pi(E_n^{R_n})u(x_n) \tag{2.89}$$

である.

定義と式 (2.88) より，事象くじ $l = (E_1, x_1;\ \ldots;\ E_n, x_n)$ のランク依存効用値は

$$RDU(l) = \sum_{i=1}^{n} \pi(E_i^{R_i})u(x_i) \tag{2.90}$$

$$= \sum_{i=1}^{n} \{W(E_i \cup \cdots \cup E_1) - W(E_{i-1} \cup \cdots \cup E_1)\} u(x_i) \qquad (2.91)$$

と表現できる.

次に示される不確実性に関するパラドックスのことを，Ellsberg のパラドックスという．上述の事象くじに対するランク依存効用を用いることで，このパラドックスに適応できる．

◆ **例 2.15　Ellsberg のパラドックスとランク依存効用**

中に入っている球の色の構成が既知のつぼとそうでないつぼを考える．図 2.61 に示すように，既知のつぼには 50 個の赤球と 50 個の黒球が入っている．未知のつぼには，比率は不明であるが赤球と黒球が合計で 100 個入っている．既知のつぼから赤球を引く事象を R_k，黒球を引く事象を B_k とし，未知のつぼから赤球を引く事象を R_u，黒球を引く事象を B_u とする．

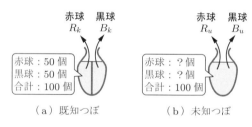

図 2.61　つぼと事象

赤球を引くと当たりで 100 万円を得て，黒球だとはずれで何も得られない．このとき，どちらのつぼから球を引くかを選択する．逆に，黒球を引くと当たりで 100 万円を得て，赤球だとはずれで何も得ないとして，どちらのつぼを選択するかも考える．

一般に，人々は図 2.62 に示すように，既知のつぼから球を取り出すことを好むことが実

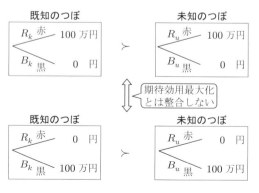

図 2.62　Ellsberg のパラドックス

験的に知られている．期待効用に従えば，赤球が当たりのくじと黒球が当たりのくじの選好からそれぞれ次の関係が得られる．

$$P(R_k)u(100) + P(B_k)u(0) > P(R_u)u(100) + P(B_u)u(0)$$

$$P(R_k)u(0) + P(B_k)u(100) > P(R_u)u(0) + P(B_u)u(100)$$

ここで，$P(\cdot)$ は事象の確率で，$u(100) = u(100\,万円)$, $u(0) = u(0\,円)$ である．

このとき，$u(100) = 1$, $u(0) = 0$ とおくと

$$P(R_k) > P(R_u)$$

$$P(B_k) > P(B_u)$$

となる．しかし，$P(R_k) + P(B_k) = 1$ かつ $P(R_u) + P(B_u) = 1$ なので，上記の関係 $P(R_k) > P(R_u)$ かつ $P(B_k) > P(B_u)$ は成り立たない．したがって，このような選好は期待効用最大化原理と整合しない．

そこで，事象くじに対するランク依存効用を考える．既知のつぼと未知のつぼのそれぞれから球を一つずつ取り出すときの事象は，

$$B_kB_u, \qquad B_kR_u, \qquad R_kB_u, \qquad R_kR_u$$

の4種類が考えられる．ここでたとえば，事象 B_kB_u は既知のつぼから黒球をとり，未知のつぼからも黒球をとる事象を意味し，その他についても同様である．このとき，事象重み関数 W を

$$W(B_kB_u) = W(B_kR_u) = W(R_kB_u) = W(R_kR_u) = 0.2$$

$$W(B_kB_u \cup B_kR_u) = W(B_k) = W(R_kB_u \cup R_kR_u) = W(R_k) = 0.45$$

$$W(B_kB_u \cup R_kB_u) = W(B_u) = W(B_kR_u \cup R_kR_u) = W(R_u) = 0.35$$

$$W(B_kR_u \cup R_kB_u) = W(B_kB_u \cup R_kR_u) = 0.4$$

$$W(B_kB_u \cup B_kR_u \cup R_kB_u) = W(B_kB_u \cup B_kR_u \cup R_kR_u)$$
$$= W(B_kB_u \cup R_kB_u \cup R_kR_u) = W(B_kR_u \cup R_kB_u \cup R_kR_u) = 0.6$$

$$W(\emptyset) = 0$$

$$W(B_kB_u \cup B_kR_u \cup R_kB_u \cup R_kR_u) = 1$$

のように設定すれば，上述の事象重み関数 W に関する三つの性質

$$W(\emptyset) = 0$$

$$W(S) = 1 \quad (S：全体集合)$$

$$A \supset B \quad \Rightarrow \quad W(A) \geq W(B)$$

を満たす．事象くじに対するランク依存効用に従えば，赤球が当たりのくじと黒球が当た

りのくじの選好から次の関係が得られる.

$$\{W(R_k) - W(\emptyset)\}u(100) + \{W(B_k \cup R_k) - W(R_k)\}u(0)$$
$$> \{W(R_u) - W(\emptyset)\}u(100) + \{W(B_u \cup R_u) - W(R_u)\}u(0)$$
$$\{W(B_k) - W(\emptyset)\}u(100) + \{W(R_k \cup B_k) - W(B_k)\}u(0)$$
$$> \{W(B_u) - W(\emptyset)\}u(100) + \{W(R_u \cup B_u) - W(B_u)\}u(0)$$

このとき, $u(100) = 1$, $u(0) = 0$ とおくと,

$$W(R_k) > W(R_u)$$
$$W(B_k) > W(B_u)$$

となる. $W(B_k) = W(R_k) = 0.45$, $W(B_u) = W(R_u) = 0.35$ なので, 既知のつぼから球を引きたいという選好とランク依存効用は整合している.

◆　◆　◆　　問　題　　◆　◆　◆　◆　◆　◆　◆　◆　◆　◆　◆　◆　◆　◆

2.1 四つの基本仮定（単調性, 選好の数量化, 推移性, 代替性）を受け入れている意思決定者が, 次の二つのくじから一つを選択しなければならないとする.

$$l^1 = (0.3, c_1;\ 0.2, c_2;\ 0.1, c_3;\ 0.4, c_5)$$
$$l^2 = (0.2, c_1;\ 0.5, c_3;\ 0.2, c_4;\ 0.1, c_6)$$

c_1 から c_6 までは, くじの結果で, これらを意思決定者は十分考慮した結果, 次のような選好関係を明らかにした.

$$c^0 = c_1 \precsim c_2 \precsim c_3 \precsim c_4 \precsim c_5 \precsim c_6 = c^*$$
$$c_2 \sim (0.9, c^0;\ 0.1, c^*)$$
$$c_3 \sim (0.6, c^0;\ 0.4, c^*)$$
$$c_4 \sim (0.3, c^0;\ 0.7, c^*)$$
$$c_5 \sim (0.2, c^0;\ 0.8, c^*)$$

この意思決定者はどちらのくじを選択すべきか. 理由とともに答えよ.

2.2 五つの基本仮定（単調性, 選好の数量化, 推移性, 代替性, 判断の数量化）を受け入れているあなたは, 表 2.17 の二つの契約のうちどちらかを選択しなければならないとする. あなたはどちらのくじを選択すべきか. ただし, 判断確率と結果の効用を自身で決定すること. 理由を述べて説明せよ.

2.3 コイントスを表を出るまで行うとき, i 回目で表が出たとすると, その確率は $(1/2)^i$ となる. l を, i 回のトスで初めて表が出たとき 2^i 円が支払われるくじとする.

(1) 選択の基準として期待金銭値（EMV）を用いる意思決定者であれば, このくじ l を購入するのに, 意思決定者は自身の全財産を支払ってもよいと考える. その理由を示せ.

表 2.17　2 種類の契約の比較

(a) 契約 1

事象 (プロジェクトの完了時期)	結果 (得られる収入)
E_1^1: 予定どおり	100 万円
E_2^1: 2 週間遅れ	10 万円
E_3^1: 2 週間遅れ以上	0 円

(b) 契約 2

事象 (プロジェクトの完了時期)	結果 (得られる収入)
E_1^2: 予定どおり	70 万円
E_2^2: 1 週間遅れ	50 万円
E_3^2: 2 週間遅れ	30 万円
E_4^2: 2 週間遅れ以上	0 円

(2) あなたはこのくじ l を購入するのにいくら支払うか（あなたの効用関数を用いて説明すること）.

(3) 2^{50} 円というような金銭は莫大すぎて現実世界では存在しないので，くじ l を次のように修正して，くじ l^1 とする．最初の 25 回のトスで表が出なかったら，賞金はなしとする．すなわち，

$$l^1 = \left(\frac{1}{2}, 2 \text{円}; \quad \frac{1}{4}, 4 \text{円}; \quad \ldots; \quad \frac{1}{2^{25}}, 2^{25} \text{円}; \quad p, 0 \text{円} \right)$$

とする．ここで，

$$p = 1 - \left(\frac{1}{2} + \frac{1}{4} + \cdots + \frac{1}{2^{25}} \right)$$

である．このとき，くじ l^1 の EMV はいくらになるか.

(4) あなたはこのくじ l^1 を購入するのにいくら支払うか.

2.4　ある学生には，入社試験を受けることのできる二つの会社がある．学生は自分が第 1 の会社に入社できる確率を 0.6 と評価し，第 2 の会社に入社できる確率を 0.5 と評価している．さらに，第 1 の会社の入社試験に合格した場合，第 2 の会社に入社できる確率を 0.5 から 0.7 へ上方へ修正すべきであると考えている.

(1) 学生が少なくとも一つの会社に入社できるという確率をいくらに評価すべきか.

(2) いま学生に対して，上記の二つの会社の両方の入社試験を受けないことを条件に，第 3 の会社の受験機会が与えられた．そして，学生はこの会社に入社できる確率を 0.8 と評価した.

　　このとき，学生にとってこれら三つの会社のどの会社に入社しても同じくらいに満足できるとすると，第 3 の会社を志願せずに最初の 2 社を志願すべきか，それとも最初の 2 社を志願せずに第 3 の会社を志願すべきか説明せよ.

2.5　新製品の販売戦略についての意思決定問題を考える．新製品の市場調査を行うべきか．また，広告を行い高価格で販売すべきか，または広告しないで低価格で販売すべきか．図 2.63 に，この状況を決定木で表現した．費用と利益は図に示すとおりである．また，意思決定者は効用関数が線形（効用は金銭のまま用いることができる）であると判断している．意思決定者が自身の以前の経験に基づいて，二つの条件付き確率と一つの事前確率を次のように直接評価した.

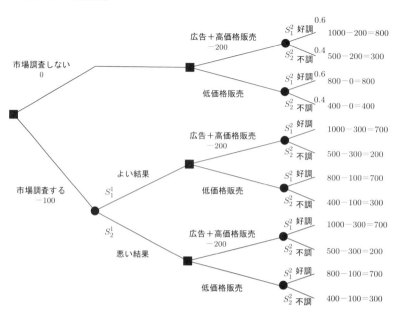

図 2.63　新製品の販売戦略

- 市場調査して，実際に好調 s_1^2 であったとき，市場調査結果が悪い結果 s_2^1 となっていた確率：$P(s_2^1 \mid s_1^2) = 0.25$
- 市場調査して，実際に不調 s_2^2 であったとき，市場調査結果がよい結果 s_1^1 となっていた確率：$P(s_1^1 \mid s_2^2) = 0.35$
- 好調 s_1^2 の確率：$P(s_1^2) = 0.6$

後ろ向き推論に従って，この意思決定問題を解決せよ．

2.6　表2.18のくじ A またはくじ B のどちらかを選択せよという実験を行った．課題1において賞金を得る確率はそれぞれ 0.9 と 0.6 であるが，課題2ではこの確率を2で割っている．同様に，課題3および課題4では，3および6で割った値が賞金を得る確率である．

表 2.18　四つの課程におけるくじ A と B

	くじ A	くじ B
課題1	$(0.90, 400;\ 0.10, 0)$	$(0.6, 500;\ 0.4, 0)$
課題2	$(0.45, 400;\ 0.55, 0)$	$(0.3, 500;\ 0.7, 0)$
課題3	$(0.30, 400;\ 0.70, 0)$	$(0.2, 500;\ 0.8, 0)$
課題4	$(0.15, 400;\ 0.85, 0)$	$(0.1, 500;\ 0.9, 0)$

　ある被験者は，このように両方のくじの賞金を得る確率を徐々に大きくなる数値で割って減少させる過程で，選好の逆転が生じた．つまり，課題1では $A \succ B$ という選好を示したが，課題2，課題3と選択し，最後の課題4では $A \prec B$ という選好を示した．この選好と期待効用最大化原理が整合しないことを説明せよ．

2.7 次のくじの期待効用 EU（式 (2.69) を使用せよ）とランク依存効用 RDU（式 (2.74) を使用せよ）を計算せよ.

$$l^1 = (0.20, 100; \ 0.30, 80; \ 0.30, 50; \ 0.20, 10)$$
$$l^2 = (0.25, 100; \ 0.25, 80; \ 0.25, 50; \ 0.25, 10)$$
$$l^3 = (0.10, 100; \ 0.40, 80; \ 0.40, 50; \ 0.10, 10)$$
$$l^4 = (0.40, 100; \ 0.10, 80; \ 0.10, 50; \ 0.40, 10)$$

ただし,

$$u(x) = x^{0.88}, \qquad w(p) = \frac{p^{0.61}}{\{p^{0.61} + (1-p)^{0.61}\}^{1/0.61}}$$

として,

$$w(0.1) = 0.186, \qquad w(0.2) = 0.261, \qquad w(0.25) = 0.291, \qquad w(0.4) = 0.370$$
$$w(0.5) = 0.421, \qquad w(0.6) = 0.474, \qquad w(0.75) = 0.568, \qquad w(0.9) = 0.712$$
$$u(100) = 57.544, \qquad u(80) = 47.285, \qquad u(50) = 31.268, \qquad u(10) = 7.586$$

とする.

第 3 章

多属性効用関数

現実の意思決定問題では，経済活動のグローバル化や社会の多様性を考慮して，複数の視点から問題が評価されるべきである．そのためには，複数の評価項目を導入して，代替案は評価されなければならない．そのような複雑な問題を取り扱う場合には，次のような手順で問題をいくつかの部分に分解することによって，効率的に解決することが可能である．

① どのような意思決定問題を取り扱うのかを把握し，決定すべき範囲を明確にする．
② 代替案を生成，あるいは探索すると同時に，代替案を評価するための評価項目（目的および属性）を定める．
③ 結果が意思決定者によってコントロールできない事象に依存する場合，選択された行動の結果は不確実性をもつため，確率分布として評価する．
④ 意思決定者の結果に対する選好および各属性間のトレードオフを評価することによって，多属性価値関数あるいは多属性効用関数を定め，最良の代替案を選択，あるいは順序付けする．

本章では，おもに Keeney and Raiffa (1976) に基づいて，多属性効用関数の理論とその手法を紹介する．最初に，意思決定問題の明確化と代替案を評価するための目的および属性の定め方について議論する．次に，確実性下の多目的意思決定を取り扱った後，不確実性下の意思決定について述べる．

3.1 代替案および目的と属性の策定

本節では，解決すべき多様な評価を必要とする意思決定問題に対して，いかに構成要素を明確化するかについて説明する．

最初に，意思決定問題の対象や範囲を規定し，選択の対象となる**代替案** (alternative) を生成，あるいは探索する．意思決定問題では，複数の代替案を評価し，その中で最良の代替案を選択したり，順序付けを行う．そうするための評価項目として，いくつかの**目的** (objective) および**属性** (attribute) を定めなければならない．企業における目的は，たとえば「総コストの最小化」がある．このとき，総コストをどのような指標で測るか，すなわち数値化するかによって属性が決まる．総コストに対応する属性

として「金銭額」や「人日」†などが考えられる．一般に，代替案の策定と考慮すべき目的や属性の決定は関連する．

目的を案出するためのきっかけとして，取り扱う意思決定問題における現状の問題点や欠点を考えたり，すでに利用可能な代替案を比較することが考えられる．あるいは，意思決定者や組織がとくに目指している戦略的な目標から，目的を明確化することもある．また，公共的な意思決定問題を取り扱う場合は，関係者の意向を聞き取り，関係者の考えを反映した目的を検討することも重要である．

多数の目的，たとえば10の目的を同時に考慮することは困難だが，そのような場合，目的を階層化して，同時に取り扱う目的の数を減らすことによって解決できる．つまり，把握できる範囲を考慮した目的の構造化によって，意思決定者が複数の目的を同時に理解し，目的間のトレードオフを考慮できる．このような構造化された目的を**目的構造体** (objectives hierarchy) という．目的構造体は，次のような観点から構成すべきである．

- 当該の意思決定問題において，考慮すべきすべての基本的な視点に対応した目的を取り扱うこと．
- 重複した意味をもつ目的は避けること．そうでないと，その種の目的に過度に強い重みがかかることになる．
- 目的の達成度が正確に計測でき，さらに，あいまいさがないこと．
- 目的間に依存関係があると，価値関数や効用関数が複雑化するので，目的間に関連性がないように設定すること．関連性があれば，そうでないように目的を再定義したり，従属する目的を統合して，従属性をなくすこと．
- たとえ重要な目的であっても，比較する代替案間でその目的に関して差異がなければ，その目的は除外し，簡素化すること．

目的の達成度を測るためには，数値化できる指標，すなわち属性を考えなければならない．目的の達成度を数値化する属性は，次のような特性をもつことが望ましい．

- 属性は目的の達成度をできるだけ直接計測できること．
- 属性値は信頼できる数値で，ある程度容易に得られること．
- 属性は意思決定者にとって理解可能であること．理解しにくいと，属性間のトレードオフを考えることができない．
- 属性の一部ではなく全体が目的の達成度を表現していること．
- 目的の達成度がどの程度であるのかを表す水準が，はっきりわかる属性であること．あいまいなものは避けること．

---

† 何人が何日働いたかを示す．たとえば，3人が2日働いたら，6人日である．

　上記のような特性をもち，さらに，目的の達成度が自然に測れる属性がもっとも望ましく，このような属性は**自然属性**とよばれている．たとえば，目的が「利益の最大化」ならば，その自然属性は「（年間）売上総利益［円］」が考えられる．自然属性がみつからない場合には，望ましいことではないが，次のような人工属性や代理属性を使わなければならない．

　人工属性は，いくつかの目的変数の結合で作られる．たとえば，景気動向指数のような経済指標は，生産や雇用などの経済活動で景気に反応する指数の動きを統合した指標である．また，ウィンドチル (wind chill) 指数は寒さに関する指標で，気温と風速に基づいて定義されており，これも人工属性と解釈できる．

　代理属性は，目的の達成度を直接には測らない属性である．たとえば，スーパーマーケットなどの店舗で顧客満足を目的とするとき，顧客満足度を直接計測することは困難である．そこで，一定の期間で顧客が苦情を訴えた件数を代理属性として採用することが考えられる．これは，苦情件数が少なければ少ないほど顧客満足度は高いと考えることによって顧客満足を数値化しようとする考え方である．

◆ **例 3.1　森林保全の問題での目的および属性**

　筆者らによる森林保全に関する応用研究 (Hayashida *et al.*, 2010) で取り上げた代替案および目的と属性の一部を紹介する．森林保全の問題では，地域の森林の状態を保全するため，森林から恩恵を受けているすべての経済主体が自発的に森林保全コストを負担するようないくつかの新しい社会システムを提案し，資金の調達と利用に関する複数の代替案の中から適切な代替案を選択することを意図している．

　森林保全活動に対する代替案は，資金調達方法と資金利用方法によって特徴付けられる．資金調達方法として，3 種類の方法「寄付」，「環境くじ」，「エコラベル」を考える．「寄付」は，有志に寄付を募って保全活動に使用する．「環境くじ」は，くじを発売し，その収益金の一部を配当金とし，残りを保全活動に使用する．「エコラベル」は，エコラベル商品を発売し，その売上のうちエコラベルに記載の金銭分を保全活動に使用する．

　保全活動として，3 種類の方法「森林・水量重視」，「公園重視」，「水質重視」を考える．「森林・水量重視」では，森林整備を重点的に行い，森林を保全し地下水の水量を維持する．「公園重視」では，森林内にある公園の整備を重点的に行う．「水質重視」では，山腹を通る高速道路の排水溝整備を重点的に行い，地下水の水質を保全する．

　したがってこの場合，3 通りの資金調達方法と 3 通りの資金利用方法の組合せとして，9 通りの代替案が比較される．

　この意思決定問題の総合的な目的は，森林保全である．森林保全は，良質な地下水の保持と山林の有効利用のために行われ，保全活動には金銭的な費用（投資）が必要となる．したがって，「森林保全」という総合的な目的は「地下水」の保持，「山林」の利用，「投資」による資金の確保に分解できる．一方，森林保全に関する活動は，山に生育する森林の整

備，山林にある公園の整備，山腹を通る高速道路排水溝整備の 3 項目が考えられる．森林整備は森林の状態だけでなく，地下水の水量に影響を与え，公園整備，高速道路排水溝整備はそれぞれ公園の状態，地下水の水質に影響を与える．

　これらの事実から，「地下水」の保持という目的は，地下水の「水質」および「水量」に分解でき，「山林」の利用という目的は「森林」の景観および「公園」の利用に分解できる．このような目的の構造体は図 3.1 に示される．

図 3.1　目的構造体

　目的構造体の最下位レベルの目的に対する属性を考える．目的「水質」と「水量」の属性値は現状を何年維持できるかを表す「維持年数」で評価する．目的「森林」の属性値は森林の「荒地割合」で評価され，目的「公園」の属性値は公園の「保守業務の頻度」で評価される．目的「投資」の属性値は集められた「金銭額」である．「投資」の属性は自然属性であるが，それ以外の目的は自然属性が設定できず，代理属性となっている．

3.2　確実性下の多目的意思決定

　本節では，代替案の選択の結果における不確実性はないが，結果が複数の基準で評価される確実性下の多目的意思決定を取り扱う．このような意思決定では，複数の目的間のトレードオフにおいて意思決定者の選好が反映される．

　行動の代替案の集合を A とし，その中の一つの代替案を a とする．つまり，$a \in A$ とする．このとき，n 種類の属性 $X_1, \ldots, X_n$ を評価の尺度と考えると，代替案 a を選択すると結果 $X_1(a), \ldots, X_n(a)$ が得られると解釈できる．本節では，意思決定者が関与できない事象に関する不確実性はないと仮定する．したがって，代替案 a が選択されれば，確実に結果 $X_1(a), \ldots, X_n(a)$ が得られる．$X_1(a), \ldots, X_n(a)$ に対応する結果の空間の点を，一般に $\boldsymbol{x} = (x_1, \ldots, x_n)$ と書く．ここで，$i \neq j$ となる属性 X_i と X_j は異なる尺度で測られるので，x_i と x_j の大きさを直接比較することに意味はない．たとえば，利益と販売シェアは金銭額と割合なので，これらを直接比較することは困難である．このような確実性下の多目的意思決定において，意思決定者がどの

ような代替案を選択すべきかを考える．なお，そこで利用される概念には，ミクロ経済学の概念との多くの共通点がある．

3.2.1 ♦ 支配関係と無差別曲線

$\boldsymbol{x} = (x_1, \ldots, x_n)$ のように，ベクトルで表される結果の好ましさや価値を評価するスカラー指標は価値関数とよばれる．単一目的の場合と同様，多目的の意思決定問題は，この価値関数を最大化する結果をもたらす代替案を選択することに帰着する．

本項と次項ではまず，このような価値関数を明確に同定しなくても議論できることを取り扱う．n 種類の属性 $X_1, \ldots, X_n$ に対する結果 $\boldsymbol{x} = (x_1, \ldots, x_n)$ の各要素は大きいほうが望ましいとする．すなわち，任意の i に対して $x_i^1 > x_i^2$ ならば $x_i^1 \succ x_i^2$ と仮定する．

(1) 支配関係

定義 3.1　支配関係

二つの結果 $\boldsymbol{x}^1 = (x_1^1, \ldots, x_n^1)$ と $\boldsymbol{x}^2 = (x_1^2, \ldots, x_n^2)$ を考える．

$$\text{任意の } i = 1, \ldots, n \text{ に対して，} \quad x_i^1 \geq x_i^2$$

$$\text{少なくとも一つの } j \text{ に対して，} \quad x_j^1 > x_j^2$$

ならば，$\boldsymbol{x}^1$ は $\boldsymbol{x}^2$ を**支配** (dominate) するという．

$n = 2$ の場合の支配関係は図 3.2 のように例示できる．

図 3.2 において，たとえば $\boldsymbol{x}^2$ の右上の領域の任意の点は，$\boldsymbol{x}^2$ を支配している．すなわち，$\boldsymbol{x}^1, \boldsymbol{x}^3, \boldsymbol{x}^4, \boldsymbol{x}^5, \boldsymbol{x}^6$ は $\boldsymbol{x}^2$ を支配している．結果 $\boldsymbol{x}^1, \boldsymbol{x}^2, \boldsymbol{x}^3, \boldsymbol{x}^4, \boldsymbol{x}^5, \boldsymbol{x}^6$ を比

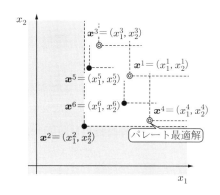

図 3.2　支配関係とパレート最適解

較すると，x^2 は x^1, x^3, x^4, x^5, x^6 に支配され，x^5 は x^3 に支配され，x^6 は x^1 に支配されているが，x^1, x^3, x^4 はどの結果にも支配されていない．このように，どの結果にも支配されていない結果の集合は，最終的な選択肢として考慮されるべきであり，**効率的フロンティア** (efficient frontier)，あるいは**パレート最適解** (Pareto optimal solution[†]) の集合とよばれる．したがって，意思決定者は少なくともパレート最適解である x^1, x^3, x^4 の中からもっとも望ましい結果を選択すべきである．

(2) 無差別曲線

意思決定者がもっとも望ましい結果を選択するためには，意思決定者自身の結果の空間における選好を明らかにする必要がある．

図 3.3 には図 3.2 と同じ六つの点が示されており，さらに無差別な結果（点）をつなぎ合わせた曲線を描いている．このような曲線を，**無差別曲線** (indifference curve) とよぶ．x^5 と x^6 に注目すると，これらは同じ無差別曲線上にある．この事実は，意思決定者にとって x^5 と x^6 のどちらが得られても同じくらい好ましい，すなわち x^5 と x^6 は無差別であることを示している．また，x^5 と x^6 を通る無差別曲線より右上にある x^1 と x^3 は x^5 や x^6 よりも好ましく，x^5 や x^6 はその無差別曲線の左下にある x^2 や x^4 より好ましい．結果 x^1, x^2, x^3, x^4, x^5, x^6 が実現可能であるとき，図 3.3 に示すような無差別曲線をもつ意思決定者にとって，x^1 がもっとも好ましく，x^1 を選択すべきであることがわかる．

意思決定者は，任意の 2 点 x^1, x^2 に対して

$$x^1 \sim x^2 \quad (x^1 \text{ と } x^2 \text{ は無差別})$$

$$x^1 \succ x^2 \quad (x^1 \text{ を } x^2 \text{ より選好する（好む）})$$

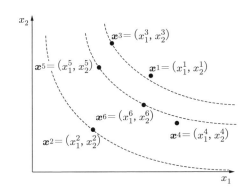

図 3.3 無差別曲線

[†] Pareto は数理経済学者の名前である．

$$\boldsymbol{x}^1 \prec \boldsymbol{x}^2 \quad (\boldsymbol{x}^2 \text{ を } \boldsymbol{x}^1 \text{ より選好する})$$

のうちどれかを満たすこと，すなわち完全性を仮定する．さらに，三つの関係 $\sim$, $\succ$, $\prec$ は，推移性を満たすことを仮定する．このとき，意思決定者の選好構造を明らかにできる．仮に，推移性が満たされない場合，二つの無差別曲線が交差する可能性が生じる．

　2 属性の場合の価値関数 v と無差別曲線の関係を考える．図 3.4 に示すように，無差別曲線は価値関数の曲面の等高線を x_1-x_2 平面へ投影した曲線であり，無差別曲線上のすべての点は同じ価値を与える．同じ無差別曲線を生成する異なる価値関数は一般に存在し，そのような価値関数は戦略的に等価であるといわれる．

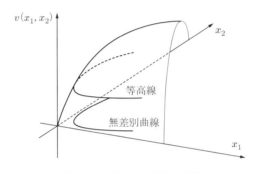

図 3.4　価値関数と無差別曲線

3.2.2 ♦ 限界代替率

　二つの属性の間のトレードオフは，価値の交換比率を用いて論じられる．二つの属性空間上のある特定の点 $\boldsymbol{x}^1 = (x_1^1, x_2^1)$ において，意思決定者にとって属性値 x_1^1 を Δx_1^1 だけ減少させるかわりに，属性値 x_2^1 を Δx_2^1 だけ増加させれば，もとの状態の価値と変わらないとする（図 3.5 参照）．このとき，これらの値の比

$$-\frac{\Delta x_1^1}{\Delta x_2^1} \tag{3.1}$$

を，$\boldsymbol{x}^1 = (x_1^1, x_2^1)$ における属性 X_1 の属性 X_2 に対する**限界代替率** (marginal rate of substitution) という．限界代替率は，点 $\boldsymbol{x}^1 = (x_1^1, x_2^1)$ を通る無差別曲線の傾きの逆数の -1 倍である[†]．

[†]　このトレードオフの極限は，価値関数 $v(x_1, x_2)$ を考えると，無差別曲線上の微小な変化 dx_1, dx_2 に対して，価値が変化しないので，v_{x_i} を v の x_i による偏微分とすると，$dv = v_{x_1} dx_1 + v_{x_2} dx_2 = 0$ となる．この等式より，$-dx_1/dx_2 = v_{x_2}/v_{x_1}$ となり，限界代替率は属性 X_1 の限界的価値と属性 X_2 の限界的価値の比率であることがわかる．

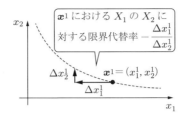

図 3.5 限界代替率

一般に，限界代替率は属性値 x_1 と x_2 の値，すなわち水準に依存する．図 3.6 には，点 $\boldsymbol{x}^2 = (x_1^2, x_2^2)$ を中心に，属性 X_2 の値を $x_2 = x_2^2$ に固定し，x_1 の水準を変化させたときの限界代替率の変化と，逆に属性 X_1 の値を $x_1 = x_1^2$ に固定し，x_2 の水準を変化させたときの限界代替率の変化を示している．

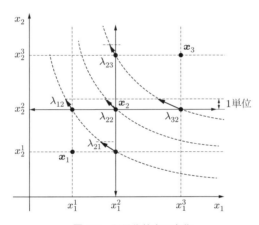

図 3.6 限界代替率の変化

限界代替率は，第 2 の属性値を限界的に 1 単位増加させるために，それを埋め合わせる（代替する）ための第 1 の属性値の減少分として解釈できる．図 3.6 のように，無差別曲線が原点に関して凸になっている場合には，属性 X_2 の値を $x_2 = x_2^2$ に固定し，x_1 の水準を x_1^1, x_1^2, x_1^3 としたときの限界代替率をそれぞれ $\lambda_{12}, \lambda_{22}, \lambda_{32}$ とすると，

$$\lambda_{12} < \lambda_{22} < \lambda_{32}$$

の関係がある．この場合，属性 X_2 の一定量を得るために代替する第 1 の属性の量が増大しているので，この関係は，第 1 の属性値が増加するにつれて，第 1 の属性の希少性が減少し，第 2 の属性に対する相対的な価値が低下していくことを示している．同様に，属性 X_1 の値を $x_1 = x_1^2$ に固定し，x_2 の水準を x_2^1, x_2^2, x_2^3 としたときの限界

代替率をそれぞれ $\lambda_{21}, \lambda_{22}, \lambda_{23}$ とすると，

$$\lambda_{21} < \lambda_{22} < \lambda_{23}$$

の同様の関係があり，第 2 の属性値が増加するにつれて，第 2 の属性の希少性が減少し，第 1 の属性に対する相対的な価値が低下していくことを示している．

このような二つの属性の関係は，一般にそれぞれの属性値の水準に依存する．

3.2.3 ◆ 多属性価値関数

二つの結果 $\boldsymbol{x}^1 = (x_1^1, \ldots, x_n^1)$ と $\boldsymbol{x}^2 = (x_1^2, \ldots, x_n^2)$ に対して，$\boldsymbol{x}^1$ が $\boldsymbol{x}^2$ よりも好ましいと意思決定者が考えているとする．このとき，ベクトルで表される結果の好ましさや価値を評価するスカラー指標である価値関数は，単一属性の場合と同様に定義できる．

すなわち，任意の結果 $\boldsymbol{x}^1 = (x_1^1, \ldots, x_n^1)$ と $\boldsymbol{x}^2 = (x_1^2, \ldots, x_n^2)$ に対して

$$\left.\begin{array}{lll}
v(x_1^1, \ldots, x_n^1) > v(x_1^2, \ldots, x_n^2) & \Leftrightarrow & (x_1^1, \ldots, x_n^1) \succ (x_1^2, \ldots, x_n^2) \\
v(x_1^1, \ldots, x_n^1) = v(x_1^2, \ldots, x_n^2) & \Leftrightarrow & (x_1^1, \ldots, x_n^1) \sim (x_1^2, \ldots, x_n^2) \\
v(x_1^1, \ldots, x_n^1) < v(x_1^2, \ldots, x_n^2) & \Leftrightarrow & (x_1^1, \ldots, x_n^1) \prec (x_1^2, \ldots, x_n^2)
\end{array}\right\} \quad (3.2)$$

を満たす関数 v は，価値関数である．

このとき，意思決定問題は，v の値を最大化する結果をもたらす代替案を選択することに帰着する．このような確実性下の多目的意思決定は，第 1 章の図 1.7(c) によって図説したとおりである．

(1) 2 属性の場合

2 属性の場合の無差別曲線や限界代替率と価値関数の関係を考える．さて，図 3.7 に示すように，点 A と点 B が無差別，すなわち

$$\mathrm{A} : (x_1^2, x_2^1) \sim \mathrm{B} : (x_1^1, x_2^2)$$

の関係があっても，点 A と点 B のそれぞれにおいて属性 X_1 の水準が y だけ変化した場合，

$$\mathrm{A}' : (x_1^2 + y, x_2^1) \sim \mathrm{B}' : (x_1^1 + y, x_2^2)$$

の関係は必ずしも成立しない．

逆に，限界代替率が属性 X_1, X_2 の水準に依存しないならば，無差別曲線は

$$x_1 + \lambda x_2 = c$$

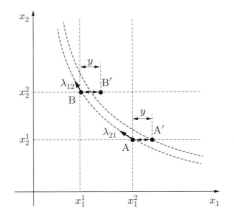

図 3.7 無差別曲線と属性値の変化

の形をとる．ここで，c は定数である．この場合，図 3.8(a) に示すように，無差別曲線は直線であり，任意の点 (x_1, x_2) で限界代替率が一定の値 λ となる．したがって，このような選好に対応する価値関数は

$$v(x_1, x_2) = x_1 + \lambda x_2 \tag{3.3}$$

と表現できる．

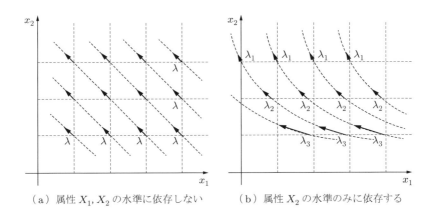

（a）属性 X_1, X_2 の水準に依存しない　　（b）属性 X_2 の水準のみに依存する

図 3.8 無差別曲線と依存性

限界代替率が属性 X_1 の水準に依存しないが，X_2 に依存するならば，価値関数は

$$v(x_1, x_2) = x_1 + v_{X_2}(x_2) \tag{3.4}$$

の形をとり，図 3.8(b) に示すように，無差別曲線は水平に移動したように現れる．こ

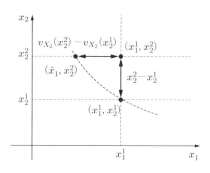

図 3.9　属性間の価値の代替性

こで，v_{X_2} は属性 X_2 上の単一属性価値関数であり，$v_{X_2}(x_2)$ は x_2 に依存した X_2 から X_1 への価値の代替を表現する．したがって，図 3.9 に示すように，(x_1^1, x_2^1) において，X_2 の水準が x_2^1 から x_2^2 へ変化したとき，(x_1^1, x_2^1) と無差別となる X_1 の水準を $\hat{x}_1$ とすると，

$$x_1^1 + v_{X_2}(x_2^1) = \hat{x}_1 + v_{X_2}(x_2^2)$$

より，

$$\hat{x}_1 = x_1^1 + v_{X_2}(x_2^1) - v_{X_2}(x_2^2)$$

なので，

$$(x_1^1, x_2^1) \sim \left(x_1^1 - \{v_{X_2}(x_2^2) - v_{X_2}(x_2^1)\}, x_2^2\right)$$

の関係が成り立ち，X_1 の水準 x_1^1 に対して，X_2 の水準が x_2^1 から x_2^2 へ増加することは，X_1 の価値としての $v_{X_2}(x_2^2) - v_{X_2}(x_2^1)$ で相殺される．

　図 3.8(b) からわかるように，X_2 の水準を固定し，X_1 の属性値を変化させても，限界代替率は変わらない．逆に，X_1 の水準を固定し，X_2 の属性値を増大させると，限界代替率は減少している．

　価値関数が

$$v(x_1, x_2) = x_1 + v_{X_2}(x_2)$$

を満たすとき，図 3.8(b) からわかるように，限界代替率は x_1 方向には一定であるが，x_2 方向には一定ではない．しかし，$y_2 = v_{X_2}(x_2)$ と x_2 を y_2 に変換すれば，価値関数は

$$v(x_1, y_2) = x_1 + y_2$$

となり，新たな x_1-y_2 平面では，限界代替率は一定となる．

一般に，限界代替率が属性 X_1, X_2 の水準に依存する場合でも，それぞれの属性値 x_1, x_2 を上述のように $y_1 = v_{X_1}(x_1)$, $y_2 = v_{X_2}(x_2)$ に変換すれば，限界代替率が y_1, y_2 に依存しないことがある．そのような場合，意思決定者の選好は単一属性価値関数 v_{X_1} と v_{X_2} の和の形をとる価値関数で表現される．

定義 3.2　加法型価値関数

意思決定者の選好が価値関数

$$v(x_1, x_2) = v_{X_1}(x_1) + v_{X_2}(x_2) \tag{3.5}$$

によって表現される場合，この関数を**加法型価値関数**とよび，選好構造は**加法的** (additive) であるという．

単一属性価値関数 v_{X_1} と v_{X_2} に関して，最小を 0 に，最大を 1 に正規化した関数を $\bar{v}_{X_1}, \bar{v}_{X_2}$ とすると，式 (3.5) は

$$v(x_1, x_2) = k_1 \bar{v}_{X_1}(x_1) + k_2 \bar{v}_{X_2}(x_2) \tag{3.6}$$

のように表現できる．ここで，k_1 と k_2 は 2 属性 X_1 と X_2 の間の相対的な価値の関係，すなわちトレードオフを調整する**スケール定数** (scaling constant) である．$\bar{v}_{X_1}$ と $\bar{v}_{X_2}$ は 0 と 1 に正規化されているので，属性 X_1, X_2 の最良値を x_1^*, x_2^* とし，最悪値を x_1^0, x_2^0 とすると，

$$\bar{v}_{X_1}(x_1^0) = \bar{v}_{X_2}(x_2^0) = 0$$
$$\bar{v}_{X_1}(x_1^*) = \bar{v}_{X_2}(x_2^*) = 1$$

となる．

式 (3.5) や式 (3.6) のように価値関数が加法的に表現されれば，任意の x_1 と x_2 に対する価値関数値 $v(x_1, x_2)$ を直接評価することなく，単一属性価値関数 $\bar{v}_{X_1}, \bar{v}_{X_2}$ と属性 X_1 と X_2 の間のトレードオフを評価することによって，$v(x_1, x_2)$ を間接的に評価できる．これは，実用上きわめて好ましい特徴である．

二つの属性に対して選好構造は加法的，すなわち価値関数が

$$v(x_1, x_2) = v_{X_1}(x_1) + v_{X_2}(x_2)$$

のように加法的に表現されるための条件は，図 3.10 のような任意の 4 点 A : (x_1^1, x_2^1), B : (x_1^1, x_2^2), C : (x_1^2, x_2^1), D : (x_1^2, x_2^2) と a_1, b_1, a_2, b_2 に関する限界代替率の次のような関係によって表される．

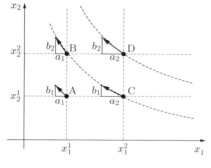

図 3.10　対応トレードオフ条件

次の①〜④が任意の 4 点 A, B, C, D に対して成り立つとき，価値関数は

$$v(x_1, x_2) = v_{X_1}(x_1) + v_{X_2}(x_2)$$

のように加法的に表現される．なお，この条件は**対応トレードオフ条件**とよばれる.

① 点 A : (x_1^1, x_2^1) において，X_2 における b_1 の増加が X_1 における a_1 の減少で相殺され,

② 点 B : (x_1^1, x_2^2) において，X_2 における b_2 の増加が X_1 における a_1 の減少で相殺され,

③ 点 C : (x_1^2, x_2^1) において，X_2 における b_1 の増加が X_1 における a_2 の減少で相殺されるとき,

④ 点 D : (x_1^2, x_2^2) において，X_2 における b_2 の増加が X_1 における a_2 の減少で相殺される.

(2) 3 属性以上の場合

　これまでは，2 属性の問題について考察してきたが，3 属性以上の場合，複数の属性間の選好がその比較に含まれない属性の水準に依存するかしないかを議論する必要がある．たとえば，就職先の選択において，「安定性（資本金）」，「健全性（営業利益）」，「金銭的待遇（年収）」の三つの目的とその属性について考える．ある学生にとっては，資本金と年収のトレードオフは，営業利益の水準に依存しないかもしれない.

　この点を考慮して，3 属性以上の問題における選好構造の加法性について考察する．まずは，属性 X_1, X_2, X_3 を考えよう．一般に，X_1 と X_2 の間の選好構造は，X_3 の水準に依存するが，ある種の状況においては，依存しないかもしれない．最初に，そのような独立性の定義を与える.

属性 X_3 の水準 $\hat{x}_3$ が与えられたとき，属性 X_1, X_2 に関する x_1-x_2 属性値空間における条件付き選好が，与えられた値 $\hat{x}_3$ に依存しないならば，属性 X_1, X_2 は X_3 に対して**選好独立**であるという．このとき，x_1-x_2 属性値空間における限界代替率は X_3 の水準に依存しない．

　属性 X_1, X_2 が X_3 に対して選好独立であり，属性 X_1, X_3 が X_2 に対して選好独立であり，属性 X_2, X_3 が X_1 に対して選好独立であるとき，価値関数 v は

$$v(x_1, x_2, x_3) = v_{X_1}(x_1) + v_{X_2}(x_2) + v_{X_3}(x_3) \tag{3.7}$$

のような加法型関数によって表現され，逆も成り立つ．

　さらに一般化するために，n 種の属性 $X_1, \ldots, X_n$ を考える．属性集合 $X = \{X_1, \ldots, X_n\}$ を分割し，$X = Y \cup Z$, $Y \cap Z = \emptyset$ とする．属性集合 X, Y, Z に対する属性値ベクトルを $\boldsymbol{x}$, $\boldsymbol{y}$, $\boldsymbol{z}$ とすると，$\boldsymbol{x} = (\boldsymbol{y}, \boldsymbol{z})$ である．このとき，$\boldsymbol{z}$ が与えられたときの $\boldsymbol{y}$ の選好関係について，次のように条件付き選好 (conditional preference) を定義する．

定義 3.3　条件付き選好

　いま，Y の属性値ベクトル $\boldsymbol{y}^1$, $\boldsymbol{y}^2$ に対して，Y の補集合 Z の属性値ベクトル $\boldsymbol{z}^1$ が与えられたとき，$\boldsymbol{y}^1$ が $\boldsymbol{y}^2$ より条件付きで好ましいとは，

$$(\boldsymbol{y}^1, \boldsymbol{z}^1) \succ (\boldsymbol{y}^2, \boldsymbol{z}^1) \tag{3.8}$$

を満たすことである．また，条件付き無差別性も同様に定義される．

このような条件付き選好を用いて，選好独立性を定義する．

定義 3.4　選好独立性

　属性集合 Y がその補集合 Z に対して**選好独立** (preferential independence) であるとは，Z の属性値ベクトル $\boldsymbol{z}^1$ が与えられたときの $\boldsymbol{y}$ 空間での条件付き選好構造が $\boldsymbol{z}^1$ に依存しないことである．

したがって，属性集合 Y がその補集合 Z に対して選好独立であるとは，ある $\boldsymbol{z}^1$ と任意の $\boldsymbol{y}^1$, $\boldsymbol{y}^2$ に対して $(\boldsymbol{y}^1, \boldsymbol{z}^1) \succsim (\boldsymbol{y}^2, \boldsymbol{z}^1)$ ならば，任意の $\boldsymbol{z} \in Z$ に対して $(\boldsymbol{y}^1, \boldsymbol{z}) \succsim (\boldsymbol{y}^2, \boldsymbol{z})$ が成り立つことである．すなわち，ある $\boldsymbol{z}^1$ と任意の $\boldsymbol{y}^1$, $\boldsymbol{y}^2$ に対して，

$$(\boldsymbol{y}^1, \boldsymbol{z}^1) \succsim (\boldsymbol{y}^2, \boldsymbol{z}^1) \quad \Rightarrow \quad (\boldsymbol{y}^1, \boldsymbol{z}) \succsim (\boldsymbol{y}^2, \boldsymbol{z}), \quad \forall \boldsymbol{z} \in Z \qquad (3.9)$$

という関係が成り立つ.

さらに, 任意の属性集合 Y がその補集合 Z について選好独立性が成り立てば, 次のような相互選好独立性を定義できる.

定義 3.5　相互選好独立性

　属性集合 $X = \{X_1, \ldots, X_n\}$ のすべての部分集合 Y がその補集合 Z に対して選好独立ならば, 属性 $X_1, \ldots, X_n$ は**相互選好独立** (mutual preferential independence) であるという.

この条件が成立すれば, 次に示すように加法型価値関数で意思決定者の選好を表現できる.

　属性 $X_1, \ldots, X_n$ が相互選好独立であるとき, 加法型価値関数

$$v(x_1, \ldots, x_n) = \sum_{i=1}^{n} v_{X_i}(x_i) \qquad (3.10)$$

が存在し, 逆も成り立つ. ここで, v_{X_i} は属性 X_i に関する単一属性価値関数である.

とくに, v_i を x_i に対する 0 と 1 に正規化された単一属性価値関数 (0-1 正規化単一属性価値関数とよぶ) とすると, 加法型価値関数は

$$v(x_1, \ldots, x_n) = \sum_{i=1}^{n} k_i v_i(x_i) \qquad (3.11)$$

$$\sum_{i=1}^{n} k_i = 1, \quad k_i > 0, \ i = 1, \ldots, n \qquad (3.12)$$

と表現できる. ここで, x_i^0, x_i^* がそれぞれ属性 X_i の最悪値と最良値であるとき,

$$v_i(x_i^0) = 0, \ v_i(x_i^*) = 1, \quad i = 1, \ldots, n \qquad (3.13)$$

である.

　現実の問題を多属性意思決定問題として定式化し考察するとき, このような独立性条件が成り立たないことがある. しかしそのような場合, より本質的な目的に焦点を当てて属性を入れ替えることによって, 条件を満たすようにできることがある.

　また, このように属性を入れ替えて得られる多属性価値関数は, 2.1.2 項で考察した

（単一属性）価値関数と同様に，代替案の選好の順序を与えるが，代替案の間の選好の強さに関しての情報は与えていないことに注意する必要がある．

3.2.4 ♦ 加法型価値関数の同定

加法型価値関数を同定する前に，属性間の相互選好独立性を確認しなければならない．一般に，属性数が多くなると相互選好独立性を確認する組合せの数が大きくなるが，必ずしもすべての組合せの確認をとる必要がないことが知られている．たとえば，次のような性質があり，実用上有用である．

> すべての二つの属性の対 $\{X_i, X_j\}$, $i, j = 1, \ldots, n$, $i \neq j$ が，その補集合 $\{X_1, \ldots, X_{i-1}, X_{i+1}, \ldots, X_{j-1}, X_{j+1}, \ldots, X_n\}$ と選好独立ならば，すべての属性 $X_1, \ldots, X_n$ は相互選好独立である．

相互選好独立性が確認できたとして，加法型価値関数を同定しよう．加法型価値関数

$$v(x_1, \ldots, x_n) = \sum_{i=1}^{n} k_i v_i(x_i)$$

における，0-1 正規化単一属性価値関数 v_i と，対応するスケール定数 k_i は，以下での手順によって得られる．

(1) 単一属性価値関数の同定

属性 X_i, $i = 1, \ldots, n$ に対応する単一属性価値関数 v_i, $i = 1, \ldots, n$ は次の手順で同定できる．

Step 1 属性 X_i の最悪値 x_i^0 と最良値 x_i^* をそれぞれ意思決定者が定める．このとき，

$$v_i(x_i^0) = 0, \qquad v_i(x_i^*) = 1$$

と設定する．

Step 2 属性 X_i 以外の属性の違い $(x_j^1, x_j^2, \ j \neq i)$ が，属性 X_i の値を最悪値 x_i^0 から $x_i^{0.5}$ へと増加することによって相殺され，同じ属性 X_i 以外の属性の違いが $x_i^{0.5}$ から最良値 x_i^* への増加によっても相殺される価値中点 $x_i^{0.5}$ を，意思決定者が定める．すなわち，

$$(x_1^1, \ldots, x_{i-1}^1, x_i^0, x_{i+1}^1, \ldots, x_n^1) \sim (x_1^2, \ldots, x_{i-1}^2, x_i^{0.5}, x_{i+1}^2, \ldots, x_n^2)$$
$$\Rightarrow \quad (x_1^1, \ldots, x_{i-1}^1, x_i^{0.5}, x_{i+1}^1, \ldots, x_n^1) \sim (x_1^2, \ldots, x_{i-1}^2, x_i^*, x_{i+1}^2, \ldots, x_n^2)$$

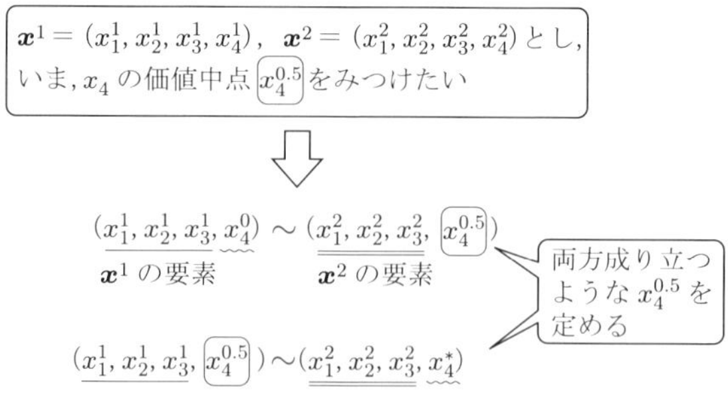

$\boxed{\begin{array}{l} \boldsymbol{x}^1 = (x_1^1, x_2^1, x_3^1, x_4^1),\ \ \boldsymbol{x}^2 = (x_1^2, x_2^2, x_3^2, x_4^2)\ \text{とし},\\ \text{いま},\ x_4\ \text{の価値中点}\ \boxed{x_4^{0.5}}\ \text{をみつけたい} \end{array}}$

$$\underbrace{(x_1^1, x_2^1, x_3^1, x_4^0)}_{\boldsymbol{x}^1\ \text{の要素}} \sim \underbrace{(x_1^2, x_2^2, x_3^2, \boxed{x_4^{0.5}})}_{\boldsymbol{x}^2\ \text{の要素}}$$

両方成り立つような $x_4^{0.5}$ を定める

$$\underbrace{(x_1^1, x_2^1, x_3^1, \boxed{x_4^{0.5}})} \sim \underbrace{(x_1^*, x_2^2, x_3^2, x_4^*)}$$

図 3.11　価値中点 $x_4^{0.5}$

を満たす $x_1^{0.5}$ を意思決定者が定める．このとき，

$$v_i(x_i^{0.5}) = 0.5$$

を満たす（図 3.11 参照）．

Step 3　Step 2 と同様な手順で，最悪値 x_i^0 と $x_i^{0.5}$ の価値中点 $x_i^{0.25}$ を意思決定者が定めて

$$v_i(x_i^{0.25}) = 0.25$$

とする．

Step 4　Step 2, 3 と同様な手順で，$x_i^{0.5}$ と最良値 x_i^* の価値中点 $x_i^{0.75}$ を意思決定者が定めて

$$v_i(x_i^{0.75}) = 0.75$$

とする．

Step 5　さらに，細かい点が必要ならば，Step 2，3，4 と同様な手順を繰り返す．

Step 6　得られた点を結び合わせて，属性 X_i の単一属性価値関数 v_i を意思決定者が定める．

　なお，2 属性の場合，条件付き選好は考慮しないので，対応トレードオフ条件を確認することになる．このときの単一属性価値関数の同定に関しては，上記の手順のほかに，対応トレードオフ条件に準じた次のような手順も可能である．

Step 1　属性 X_1, X_2 の最悪値 x_1^0, x_2^0 をそれぞれ意思決定者が定める．このとき，

$$v(x_1^0, x_2^0) = v_{X_1}(x_1^0) = v_{X_2}(x_2^0) = 0$$

となる．

Step 2 $x_1^1 > x_1^0$ となる x_1^1 を意思決定者が選び，$v_{X_1}(x_1^1) = 1$ と設定する．

Step 3 $(x_1^1, x_2^0) \sim (x_1^0, x_2^1)$ となる x_2^1 を意思決定者が定める．$v(x_1^1, x_2^0) = v(x_1^0, x_2^1)$ より，

$$v_{X_1}(x_1^1) + v_{X_2}(x_2^0) = v_{X_1}(x_1^0) + v_{X_2}(x_2^1)$$

なので，$v_{X_2}(x_2^1) = 1$ となる．

Step 4 $(x_1^2, x_2^0) \sim (x_1^1, x_2^1) \sim (x_1^0, x_2^2)$ となる x_1^2 と x_2^2 を意思決定者が定める．Step 3 と同様に，

$$v_{X_1}(x_1^2) + v_{X_1}(x_2^0) = v_{X_1}(x_1^1) + v_{X_2}(x_2^1) = v_{X_1}(x_1^0) + v_{X_2}(x_2^2)$$

なので，$v_{X_1}(x_1^2) = v_{X_2}(x_2^2) = 2$ となる．

Step 5 Step 3, 4 と同様な手順を繰り返す．

Step 6 得られた点を結び合わせて単一属性価値関数 v_{X_1}, v_{X_2} を意思決定者が定める．

　評価する点は図 3.12 に示される．この手順では，0-1 正規化されていない単一属性価値関数 v_{X_1}, v_{X_2} を同定している．必要があれば，この後に正規化を行えばよい．

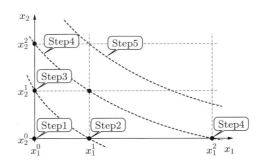

図 3.12 2 属性の場合の単一属性価値関数の同定

　2 属性の場合，上記の手順で二つの単一属性価値関数 v_{X_1}, v_{X_2} を同時に同定できる．

(2) スケール定数の同定

　属性 X_i に対する 0-1 正規化単一属性価値関数を v_i, $i = 1, \ldots, n$ とし，これらに対応するスケール定数 k_i, $i = 1, \ldots, n$ の同定を考える．

Step 1 属性 X_i の属性値が最良値 x_i^* で，ほかの属性 X_j, $j \neq i$ の属性値が最悪値 x_j^0 となる結果 $(x_1^0, \ldots, x_{i-1}^0, x_i^*, x_{i+1}^0, \ldots, x_n^0)$ を，すべての属性 X_i, $i = 1, \ldots, n$ について考える．次の n 種類の結果から，最良の結果を意思決定者が選択する．

$$(x_1^*, x_2^0, \ldots, x_n^0), \qquad (x_1^0, x_2^*, \ldots, x_n^0), \qquad \ldots, \qquad (x_1^0, x_2^0, \ldots, x_n^*)$$

ここで，一般性を失うことなく，$(x_1^*, x_2^0, \ldots, x_n^0)$ がもっとも好ましいならば，

$$v(x_1^*, x_2^0, \ldots, x_n^0) = k_1 > v(x_1^0, \ldots, x_{i-1}^0, x_i^*, x_{i+1}^0, \ldots, x_n^0) = k_i,$$
$$i = 2, \ldots, n$$

となり，k_1 が最大値をとる（必要があれば，属性を並べかえればよい）．

Step 2　x_1^* から値を減少させることによって，次のような無差別関係を満たす属性 X_1 の属性値 x_1^2 を意思決定者が定める．

$$(x_1^0, x_2^*, \ldots, x_n^0) \sim (\, x_1^2 \,, x_2^0, \ldots, x_n^0)$$

この関係から，

$$v(x_1^0, x_2^*, \ldots, x_n^0) = v(x_1^2, x_2^0, \ldots, x_n^0)$$

より，

$$k_2 = k_1 v_1(x_1^2)$$

となる．同様の操作を $(x_1^0, x_2^0, x_3^*, \ldots, x_n^0)$ から $(x_1^0, x_2^0, \ldots, x_n^*)$ に対しても繰り返すことによって，

$$k_3 = k_1 v_1(x_1^3), \qquad \cdots, \qquad k_n = k_1 v_1(x_1^n)$$

を得る．

Step 3　単一属性価値関数 v_1 がすでに得られているとすると，$v_1(x_1^i)$, $i = 2, \ldots, n$ は得られるので，Step 2 で得られた関係式 $k_i = k_1 v_1(x_1^i)$, $i = 2, \ldots, n$ と

$$\sum_{i=1}^{n} k_i = 1$$

から，スケール定数 k_i, $i = 1, \ldots, n$ を計算する．

◆ **例 3.2　就職先の選択：多属性価値関数**

　学生の就職先の選択問題を考える．選択肢（代替案）として，会社 1 から会社 5 まであるとする．会社 i を a^i と表すと，代替案の集合は $A = \{a^1, a^2, a^3, a^4, a^5\}$ となる．意思決定者である学生は，就職先の選択問題を安定性，健全性，金銭的待遇の三つの目的（基準）から評価するとし，その属性をそれぞれ資本金 X_1，営業利益 X_2，年収 X_3 とした 3 属性の意思決定問題を考えている．各属性値はより大きいほうが望ましい．五つの代替案と対応する属性値が表 3.1 のように与えられたとする．

表 3.1 就職先候補

代替案	安定性 資本金 X_1 [億円]	健全性 営業利益 X_2 [億円]	金銭的待遇 年収 X_3 [万円]
会社 1: a^1	1200	2500	500
会社 2: a^2	15000	800	800
会社 3: a^3	1000	2600	700
会社 4: a^4	800	1500	1200
会社 5: a^5	8000	1800	900

属性 X_1, X_2, X_3 が相互選好独立であると仮定する．このとき，価値関数 $v(x_1, x_2, x_3)$ は次のように加法的に表現される．

$$v(x_1, x_2, x_3) = k_1 v_1(x_1) + k_2 v_2(x_2) + k_3 v_3(x_3)$$

ここで，$v_i(x_i)$ は 0-1 正規化単一属性価値関数であり，k_i は対応するスケール定数である．このように，価値関数 $v(x_1, x_2, x_3)$ が加法型である場合には，単一属性価値関数 $v_i(x_i)$ とスケール定数 k_i を適切に決めればよいことになる．

単一属性価値関数 v_i は，価値中点を繰り返し指定することによって同定できた．ここでは，価値関数の形を指数型と仮定し，最良値と最悪値を与えるとともに，価値中点を 1 点だけ指定することによって，指数関数

$$v_i(x_i) = -a \exp(-b x_i) + c$$

のパラメータ a, b, c を定める．属性「資本金 X_1」，「営業利益 X_2」，「年収 X_3」の価値関数をそれぞれ v_1, v_2, v_3 とする．意思決定者が定めた最悪値，最良値，価値中点と，これらのデータから計算された指数型価値関数のパラメータ a, b, c を，表 3.2 にまとめる．

たとえば，属性「年収 X_3」の価値関数 v_3 のパラメータは，次のように導出される．意思決定者から，属性「年収 X_3」の最悪値 x_3^0 と最良値 x_3^* および価値中点 $x_3^{0.5}$ を次のように聞き出したとする．

$$x_3^0 = 200, \qquad x_3^* = 2000, \qquad x_3^{0.5} = 500$$

表 3.2 価値関数のパラメータ

	v_1 （資本金 [億円]）	v_2 （営業利益 [億円]）	v_3 （年収 [万円]）
最悪値	500	0	200
最良値	20000	3000	2000
価値中点	5000	1000	500
a	1.147347	1.309017	1.596993
b	0.000140	0.000481	0.002253
c	1.069784	1.309017	1.017626

これらのデータから 3 点 $(200, 0), (500, 0.5), (2000, 1)$ を通る指数型価値関数 $v_3(x_3)$ のパラメータは $a = 1.596993$, $b = 0.002253$, $c = 1.017626$ と計算され，属性「年収 X_3」に対する単一属性価値関数は

$$v_3(x_3) = -1.596993 \exp(-0.002253x_3) + 1.017626$$

と表現される．この関数は図 3.13 に示される．

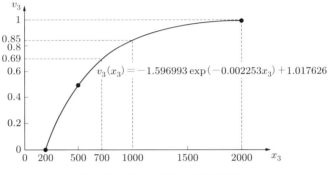

図 3.13　属性「年収」の価値関数 v_3

　次に，スケール定数 k_i を決定していく．一つの属性だけが最良値で，ほかの属性は最悪値をとる結果を考えると，次の 3 種類の結果ベクトルが得られる．

$$(x_1^*, x_2^0, x_3^0), \qquad (x_1^0, x_2^*, x_3^0), \qquad (x_1^0, x_2^0, x_3^*)$$

ここで，表 3.2 から

$$
\begin{aligned}
x_1^0 &= 500, & x_1^* &= 20000 \\
x_2^0 &= 0, & x_2^* &= 3000 \\
x_3^0 &= 200, & x_3^* &= 2000
\end{aligned}
$$

である．いま，これら三つの結果ベクトルに対する意思決定者の選好が

$$(x_1^0, x_2^0, x_3^*) \succ (x_1^*, x_2^0, x_3^0) \succ (x_1^0, x_2^*, x_3^0)$$

を満たすとすると，

$$v(x_1^0, x_2^0, x_3^*) > v(x_1^*, x_2^0, x_3^0) > v(x_1^0, x_2^*, x_3^0)$$

であり，

$$
\begin{aligned}
v(x_1^*, x_2^0, x_3^0) &= k_1 v_1(x_1^*) + k_2 v_2(x_2^0) + k_3 v_3(x_3^0) = k_1 \\
v(x_1^0, x_2^*, x_3^0) &= k_1 v_1(x_1^0) + k_2 v_2(x_2^*) + k_3 v_3(x_3^0) = k_2 \\
v(x_1^0, x_2^0, x_3^*) &= k_1 v_1(x_1^0) + k_2 v_2(x_2^0) + k_3 v_3(x_3^*) = k_3
\end{aligned}
$$

なので,

$$k_3 > k_1 > k_2$$

を得る.

続いて,

$$(x_1^*, x_2^0, x_3^0) \sim (x_1^0, x_2^0, \boxed{x_3^1})$$

となる x_3^1 を意思決定者から聞き出す.その回答が $x_3^1 = 1000$ であるとする.すなわち,

$$(20000, 0, 200) \sim (500, 0, 1000)$$

であることから,

$$v(20000, 0, 200) = v(500, 0, 1000)$$
$$k_1 v_1(20000) + k_2 v_2(0) + k_3 v_3(200) = k_1 v_1(500) + k_2 v_2(0) + k_3 v_3(1000)$$

となり

$$k_1 = k_3 v_3(1000)$$

を得る.ここで,図 3.13 のように単一属性価値関数 v_3 が同定されており,

$$v_3(x_3) = -1.596993 \exp(-0.002253 x_3) + 1.017626$$

となっている.この式より,$v_3(1000) = 0.85$ なので

$$k_1 = 0.85 k_3$$

という関係を得る.

同様に,

$$(x_1^0, x_2^*, x_3^0) \sim (x_1^0, x_2^0, \boxed{x_3^2})$$

となる x_3^2 を意思決定者から聞き出し,意思決定者が $x_3^2 = 700$ と回答したとする.したがって,

$$(500, 3000, 200) \sim (500, 0, 700)$$

であることから,

$$v(500, 3000, 200) = v(500, 0, 700)$$
$$k_1 v_1(500) + k_2 v_2(3000) + k_3 v_3(200) = k_1 v_1(500) + k_2 v_2(0) + k_3 v_3(700)$$

となり

$$k_2 = k_3 v_3(700)$$

を得る．さらに，$v_3(700) = 0.69$ なので

$$k_2 = 0.69k_3$$

という関係を得る．一方，

$$k_1 + k_2 + k_3 = 1$$

であり，これら三つの方程式から

$$k_1 = 0.3346, \qquad k_2 = 0.2717, \qquad k_3 = 0.3937$$

を得る．このとき，加法型価値関数は

$$v(x_1, x_2, x_3) = 0.3346v_1(x_1) + 0.2717v_2(x_2) + 0.3937v_3(x_3)$$

のように表される．表 3.3 に示されように，三つの属性値をもつ就職先候補の会社 1 (a^1) から会社 5 (a^5) を上記の加法型価値関数 v で評価することにより，学生にとってもっとも選好される会社は最大の関数値をもつ会社 5 (a^5) であることがわかる．また，順位は

$$a^5, \qquad a^2, \qquad a^4, \qquad a^3, \qquad a^1$$

のように与えられる．

表 3.3　加法型価値関数値

代替案	単一属性価値関数値			価値関数値
	v_1	v_2	v_3	v
会社 1: a^1	0.0999	0.9157	0.4999	0.4790
会社 2: a^2	0.9293	0.4181	0.7543	0.7215
会社 3: a^3	0.0723	0.9342	0.6877	0.5488
会社 4: a^4	0.0440	0.6728	0.9107	0.5561
会社 5: a^5	0.6954	0.7583	0.8074	0.7566
スケール定数	k_1	k_2	k_3	
	0.3346	0.2717	0.3937	

ここで得られた多属性価値関数は，代替案の選好の順序を与えるが，代替案の間の選好の強さに関しての情報は与えていない．たとえば，a^5 と a^2 の価値関数値の差は 0.0351 で，a^2 と a^4 の価値関数値の差は 0.1654 であるが，a^5 の a^2 に対する好ましさは a^2 の a^4 に対する好ましさより小さいという情報は与えていない．選好に対する強さを表現するためには，可測（単一属性）価値関数と同様に，意思決定者が異なる任意の遷移を比較する必要がある．

3.3 **不確実性下の多目的意思決定**

本節では，代替案の選択の結果が不確実性をもち，多変数の確率変数で表される不確実性下の多目的意思決定を取り扱う．このような意思決定では，意思決定者の不確実性に対する選好と複数の目的間の選好が同時に反映される．

確実性下の多目的意思決定の場合と同様に，行動の代替案の集合を A とし，その中の一つの代替案を $a \in A$ とする．確実性下の場合，n 種類の属性 $X_1, \ldots, X_n$ を評価の尺度と考えると，代替案 a を選択すれば結果 $X_1(a), \ldots, X_n(a)$ が得られると解釈する．$X_1(a), \ldots, X_n(a)$ に対応する結果の空間の点は $\boldsymbol{x} = (x_1, \ldots, x_n)$ と表される．これに対して，不確実性下の意思決定の場合，代替案 a を選択すると，結果空間 $X_1 \times \cdots \times X_n$ 上の確率分布（くじ）が得られると解釈する．つまり，確率分布が離散的である場合，代替案 a を選択することは

$$l = (p_1, \boldsymbol{x}^1 = (x_1^1, \ldots, x_n^1); \ \cdots \ ; p_m, \boldsymbol{x}^m = (x_1^m, \ldots, x_n^m)) \qquad (3.14)$$

のような属性値の確率分布を得ることになる．この確率分布の図的表現は，図 3.14 に示される．

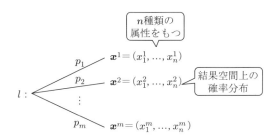

図 3.14　多属性くじ（離散的多変数確率変数）

不確実性下の単一目的意思決定の場合と同様に，五つの基本仮定のもとで，くじの選好と期待効用の関係が次のように示される．

二つの多属性くじ

$$l^i = (p_1^i, (x_1^{i1}, \ldots, x_n^{i1}); \ \cdots \ ; \ p_{m^i}^i, (x_1^{im^i}, \ldots, x_n^{im^i}))$$

$$l^j = (p_1^j, (x_1^{j1}, \ldots, x_n^{j1}); \ \cdots \ ; \ p_{m^j}^j, (x_1^{jm^j}, \ldots, x_n^{jm^j}))$$

と多属性効用関数 $u(x_1, \ldots, x_n)$ に対して，くじ l^i およびくじ l^j の結果ベクトルの効用 $u(x_1^{ik}, \ldots, x_n^{ik}), \ k = 1, \ldots, m^i$ および $u(x_1^{jk}, \ldots, x_n^{jk}), \ k = 1, \ldots, m^j$

が評価されれば，期待効用の大きなくじが選好され，逆も成り立つ．すなわち，

$$
\left.
\begin{aligned}
l^i \succ l^j &\Leftrightarrow \sum_{k=1}^{m^i} p_k^i u(x_1^{ik}, \ldots, x_n^{ik}) > \sum_{k=1}^{m^j} p_k^j u(x_1^{jk}, \ldots, x_n^{jk}) \\
l^i \sim l^j &\Leftrightarrow \sum_{k=1}^{m^i} p_k^i u(x_1^{ik}, \ldots, x_n^{ik}) = \sum_{k=1}^{m^j} p_k^j u(x_1^{jk}, \ldots, x_n^{jk}) \\
l^i \prec l^j &\Leftrightarrow \sum_{k=1}^{m^i} p_k^i u(x_1^{ik}, \ldots, x_n^{ik}) < \sum_{k=1}^{m^j} p_k^j u(x_1^{jk}, \ldots, x_n^{jk})
\end{aligned}
\right\} \quad (3.15)
$$

である．

　この期待効用を計算するためには，多属性効用関数 $u(x_1, \ldots, x_m)$ を同定しなければならない．最初に，2属性の問題を取り上げて，多属性効用関数の形について議論する．2属性効用関数 $u(x_1, x_2)$ に構造的な特徴がなければ，すべての点 (x_1, x_2) に関して，関数値 $u(x_1, x_2)$ を評価しなければならない．したがって，2.4節で，単一属性効用関数を同定したときのように，いくつかの点を評価して，それらを通るような2次元の関数を同定することになる．しかし，この方法は，次元が大きくなるにつれて明らかに困難になる．このような困難を回避して，多属性効用関数を同定したい．

　実は，これからみていくように，ある種の条件が成立すれば，

$$
u(x_1, x_2) = f(u_1(x_1), u_2(x_2))
$$

のように，2属性効用関数 $u(x_1, x_2)$ を単一属性効用関数 $u_1(x_1)$, $u_2(x_2)$ の関数として表現できる．このような分解的表現ができれば，個別に $u_1(x_1)$, $u_2(x_2)$ を同定し，いくつかのパラメータを決定することによって，2属性効用関数 $u(x_1, x_2)$ を同定できる．

　なおこの節では，多属性効用関数 u および単一属性効用関数 u_i, $i = 1, \ldots, n$ は0-1正規化されているとする．

3.3.1 ♦ 加法型効用関数

　効用関数の分解的表現である $u(x_1, x_2) = f(u_1(x_1), u_2(x_2))$ の中でもっとも簡単な形式は，次のように表現できる**加法型効用関数**である．

$$
u(x_1, x_2) = k_1 u_1(x_1) + k_2 u_2(x_2) \quad (3.16)
$$

意思決定者の選好を加法型効用関数で表現するためには，次に定義する加法的効用独立性の条件を意思決定者の選好が満たさなければならない．

定義 3.6 加法的効用独立性

くじの選好が単一の属性値の分布（周辺確率分布）だけに依存し，属性の組合せの分布（同時確率分布）に依存しないならば，属性の集合 $X_1, \ldots, X_n$ は**加法的効用独立**であるという．

属性の集合 $X_1, \ldots, X_n$ が加法的効用独立ならば，n 属性効用関数は次のように表現される．

$$u(x_1, \ldots, x_n) = \sum_{i=1}^{n} k_i u_i(x_i) \tag{3.17}$$

ここで，$k_i > 0, \sum_{i=1}^{n} k_i = 1$ である．

---

2 属性 X_1, X_2 の場合について考える．属性の結果がそれぞれ 2 種類しかないとして

$$X_1 = \{a, b\}, \qquad X_2 = \{c, d\}$$

とする．このとき，同時確率分布と周辺確率分布は表 3.4 に示されるとおりである．

表 3.4 加法的効用独立性：同時確率分布と周辺確率分布

		X_2		周辺確率
		c	d	
X_1	a	$P(X_1 = a$ かつ $X_2 = c)$	$P(X_1 = a$ かつ $X_2 = d)$	$P(X_1 = a)$
	b	$P(X_1 = b$ かつ $X_2 = c)$	$P(X_1 = b$ かつ $X_2 = d)$	$P(X_1 = b)$
周辺確率		$P(X_2 = c)$	$P(X_2 = d)$	

属性 X_1, X_2 に関する二つのくじに関して，同時確率分布 $P(X_1 = a$ かつ $X_2 = c)$, $P(X_1 = a$ かつ $X_2 = d)$, $P(X_1 = b$ かつ $X_2 = c)$, $P(X_1 = b$ かつ $X_2 = d)$ の値が異なっていても，周辺確率分布 $P(X_1 = a)$, $P(X_1 = b)$, $P(X_2 = c)$, $P(X_2 = d)$ の値が同じであるとき，意思決定者が二つのくじに関して無差別であるという選好を示すならば，加法的効用独立性を満たす．

◆ 例 3.3 就職先の選択における加法的効用独立性

学生の就職先の選択の例を取り上げて，加法的効用独立性の概念を確認しよう．就職先の選択問題において，属性 X_1 を年収，属性 X_2 を職種とする．

表 3.5 に示すように，年収 X_1 は「高い」か「低い」のどちらかで，職種 X_2 も「よい」か「悪い」[†]のどちらかであるとする．年収 X_1 が「高い」で職種 X_2 が「よい」ときの同

[†] 職種 X_2 が「よい」とは，意思決定者にとって当該業務に満足しており，逆に「悪い」とは，不満に感じていると解釈する．

表 3.5　年収と職種の関係

		職種 X_2		周辺確率
		よい	悪い	
年収 X_1	高い	p	$0.5 - p$	0.5
	低い	$0.5 - p$	p	0.5
周辺確率		0.5	0.5	

時確率は p で，年収 X_1 が「高い」で職種 X_2 が「悪い」ときの同時確率は $0.5 - p$ とする．また，年収 X_1 が「低い」で職種 X_2 が「よい」ときの同時確率は $0.5 - p$ で，年収 X_1 が「低い」で職種 X_2 が「悪い」ときの同時確率は p とする．すなわち，

$$P((\text{年収 } X_1 = \text{高い}) \text{ かつ } (\text{職種 } X_2 = \text{よい})) = p$$

$$P((\text{年収 } X_1 = \text{高い}) \text{ かつ } (\text{職種 } X_2 = \text{悪い})) = 0.5 - p$$

$$P((\text{年収 } X_1 = \text{低い}) \text{ かつ } (\text{職種 } X_2 = \text{よい})) = 0.5 - p$$

$$P((\text{年収 } X_1 = \text{低い}) \text{ かつ } (\text{職種 } X_2 = \text{悪い})) = p$$

である．

　このような同時確率分布が与えられたときの周辺確率分布は，年収 X_1 における「高い」と「低い」はそれぞれ 0.5 で，職種 X_2 も「よい」と「悪い」もそれぞれ 0.5 である．すなわち

$$P(\text{年収 } X_1 = \text{高い}) = 0.5, \qquad P(\text{年収 } X_1 = \text{低い}) = 0.5$$

$$P(\text{職種 } X_2 = \text{よい}) = 0.5, \qquad P(\text{職種 } X_2 = \text{悪い}) = 0.5$$

である．

　加法的効用独立性が成立するとき，くじの選好が周辺確率分布だけに依存し，属性の組合せの分布である同時確率分布に依存しないので，たとえば，次のような二つのくじが無差別でなければならない．$p = 0.5$ の場合と $p = 0$ の場合のくじを考える．

$p = 0.5$ の場合　　年収 X_1 が「高い」で職種 X_2 が「よい」という結果と，年収 X_1 が「低い」で職種 X_2 が「悪い」という結果が，それぞれ確率 0.5 で生じるくじ．

$p = 0$ の場合　　年収 X_1 が「高い」で職種 X_2 が「悪い」という結果と，年収 X_1 が「低い」で職種 X_2 が「よい」という結果が，それぞれ確率 0.5 で生じるくじ．

　これら二つのくじは，図 3.15 に示されるように，加法的効用独立性が成立するとき無差別となる．

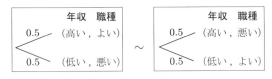

図 3.15 加法的効用独立性

　さて，意思決定者が，年収 X_1 が高く，職種 X_2 がよいことが，人生にとって望ましいと考える場合，このような選好は**補完的**であるという．逆に，年収 X_1 が高いか，職種 X_2 がよいかのどちらかが満足されていればよいと考えるような意思決定者の選好は**代替的**であるという．とくに，選好が代替的であるときは，少なくともどちらかの属性がよければ満足するという意味で，**多属性リスク回避**といわれることがある．

　属性間の補完性と代替性については，次のような食品の例を考えると理解しやすい．パンとバターは一緒に食べることが多いので両方あることが望ましく，互いに補い合う関係にあり，この二つの財（属性）の間には補完性があるといわれ，片方の需要の増加は他方の需要の増加をともなう．一方，米とパンは主食という意味では，どちらかがあれば満足できるので，この二つの財（属性）の間には代替性があるといわれ，片方の需要の増加は他方の需要の減少をともなう．

　例 3.3 で加法的効用独立が成り立つためには，少なくとも $p = 0.5$ の場合と $p = 0$ の場合の二つのくじが無差別でなければならない．すなわち，加法的効用独立性が成立するためには，このような属性間の補完性や代替性がなく，この例では，同時確率分布が変わっていても，くじの周辺確率分布が同じであれば，無差別であることが必要である．

　より一般的に考えると，X_1 と X_2 が加法的効用独立ならば，二つのくじ

$$l^1 = (p_1^1, (高い, よい);\ p_2^1, (高い, 悪い);\ p_3^1, (低い, よい);\ p_4^1, (低い, 悪い))$$
$$l^2 = (p_1^2, (高い, よい);\ p_2^2, (高い, 悪い);\ p_3^2, (低い, よい);\ p_4^2, (低い, 悪い))$$

に対して，周辺確率が等しい，つまり l^1 と l^2 の $(X_1 = 高い)$ に関する周辺確率と $(X_2 = よい)$ に関する周辺確率が等しいとき，l^1 と l^2 は無差別となる．したがって，

$$P(高い : l^1) = p_1^1 + p_2^1 = P(高い : l^2) = p_1^2 + p_2^2$$
$$P(よい : l^1) = p_1^1 + p_3^1 = P(よい : l^2) = p_1^2 + p_3^2$$

を満たすとき，二つのくじ l^1 と l^2 は無差別となる．表 3.6 に，くじ l^1 と l^2 の表形式での表現を示す．

表 3.6 くじ l^1 とくじ l^2

くじ l^1		職種 X_2		くじ l^2		職種 X_2	
		よい	悪い			よい	悪い
年収 X_1	高い	p_1^1	p_2^1	年収 X_1	高い	p_1^2	p_2^2
	低い	p_3^1	p_4^1		低い	p_3^2	p_4^2

3.3.2 ◆ 乗法型効用関数

加法的効用独立性を満たすための条件はきわめて強いものであったが，これより弱く，現実の問題において成立することが多いと考えられる効用独立性の条件がある．

この条件が成立すれば，2 属性の場合，効用関数は次のように乗法的に表現できる．

$$u(x_1, x_2) = k_1 u_1(x_1) + k_2 u_2(x_2) + K k_1 k_2 u_1(x_1) u_2(x_2) \tag{3.18}$$

ここで，K は追加的なスケール定数である．

定義 3.7　効用独立性

属性集合 Y がその補集合 Z に対して**効用独立** (utility independence) であるとは，属性集合 Z の属性値ベクトル z^1 が与えられたときの y 空間での条件付きの**くじ**に対する選好構造が z^1 に依存しないことである．

したがって，属性集合 Y がその補集合 Z に対して効用独立であるとは，ある結果 z^1 と任意のくじ $\tilde{y}^1, \tilde{y}^2$ に対して $(\tilde{y}^1, z^1) \succsim (\tilde{y}^2, z^1)$ ならば，任意の $z \in Z$ に対して $(\tilde{y}^1, z) \succsim (\tilde{y}^2, z)$ が成り立つことである．すなわち，ある結果 z^1 と任意のくじ $\tilde{y}^1, \tilde{y}^2$ に対して，

$$(\tilde{y}^1, z^1) \succsim (\tilde{y}^2, z^1) \quad \Rightarrow \quad (\tilde{y}^1, z) \succsim (\tilde{y}^2, z), \quad \forall z \in Z \tag{3.19}$$

という関係が成り立つ．ここで，くじと結果を区別するために，くじには 〜 をつけた．

不確実性下の効用独立性は，確実性下における選好独立性（定義 3.4）と関連した概念である．不確実性下の効用独立性はくじに関する選好を取り扱い，確実性下における選好独立性は確実な結果を取り扱っている点に違いがある．すなわち，上記の定義において，$\tilde{y}^1, \tilde{y}^2$ はくじであるが，確実性下における選好独立性の定義においては y^1, y^2 は結果である．

さらに，任意の属性集合 Y がその補集合 Z に対して，効用独立性が成り立てば，次のような相互効用独立性を定義できる．

定義 3.8　相互効用独立性

　属性集合 $X = \{X_1, \ldots, X_n\}$ のすべての部分集合 Y がその補集合 Z に対して効用独立ならば，属性 $X_1, \ldots, X_n$ は**相互効用独立**であるという.

この条件が成立すれば，次に示すような効用関数で，意思決定者の選好を表現できる.

　属性 $X_1, \ldots, X_n$ が相互効用独立ならば，n 属性効用関数は次のように表現される.

$$u(x_1, \ldots, x_n) = \frac{1}{K}\left[\prod_{i=1}^{n}\{Kk_i u_i(x_i) + 1\} - 1\right] \tag{3.20}$$

ここで，k_i, $i = 1, \ldots, n$ は $0 \le k_i \le 1$ となるような属性 X_i に対するスケール定数で，$\sum_{i=1}^{n} k_i \neq 1$ となる．さらに，K は $1 + K = \prod_{i=1}^{n}(1 + Kk_i)$ を満たす追加的なスケール定数である.

　$K > 0$ のとき，$\bar{u}(x_1, \ldots, x_n) = Ku(x_1, \ldots, x_n) + 1$, $\bar{u}_i(x_i) = Kk_i u_i(x_i) + 1$ もまた効用関数であり，

$$\bar{u}(x_1, \ldots, x_n) = \prod_{i=1}^{n} \bar{u}_i(x_i)$$

と書ける．また，$K < 0$ のとき，$\bar{u}(x_1, \ldots, x_n) = -\{Ku(x_1, \ldots, x_n) + 1\}$, $\bar{u}_i(x_i) = -\{Kk_i u_i(x_i) + 1\}$ もまた効用関数であり，

$$-\bar{u}(x_1, \ldots, x_n) = (-1)^n \prod_{i=1}^{n} \bar{u}_i(x_i)$$

と書ける．このため，n 属性効用関数 $u(x_1, \ldots, x_n) = 1/K\left[\prod_{i=1}^{n}\{Kk_i u_i(x_i) + 1\} - 1\right]$ は乗法型とよばれる.

　以下では，2 属性の場合を考える．x_2 を固定したときの X_1 上のくじに対する条件付き選好が x_2 の値をかえても変化しないとき，X_1 は X_2 と効用独立といえる．X_1 が X_2 と効用独立ならば，図 3.16 に示されるようなくじ $(0.5, (x_1^1, x_2^0); 0.5, (x_1^2, x_2^0))$ と確実な結果 $(\hat{x}_1, x_2^0)$ が無差別であるとき，固定された X_2 の属性値 x_2^0 の値を，たとえば x_2^3 へかえても，条件付き確実同値額 $\hat{x}_1$ の値は変わらない.

　属性 X_2 の値 x_2 を固定したときの X_1 上のくじに対する条件付き選好が x_2 の値をかえても変化しない，すなわち，X_1 が X_2 と効用独立ならば，$u(\cdot, x_2^0)$ と $u(\cdot, x_2^3)$ はともに効用関数なので，

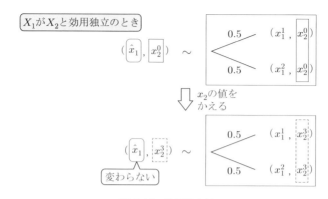

図 3.16　効用独立性

$$u(x_1, x_2^0) = a(x_2^0) + b(x_2^0)u(x_1, x_2^3)$$

のような正の線形変換ができる．したがって，一般に

$$u(x_1, x_2) = a(x_2) + b(x_2)u(x_1, x_2^0)$$

となる．X_2 が X_1 と効用独立ならば，

$$u(x_1, x_2) = c(x_1) + d(x_1)u(x_1^0, x_2)$$

となる．上記の式に $x_1 = x_1^0$, $x_2 = x_2^0$ を代入し，$k_1 u_1(x_1) = u(x_1, x_2^0)$, $k_2 u_2(x_2) = u(x_1^0, x_2)$ の関係を考慮して整理すれば，

$$u(x_1, x_2) = k_1 u_1(x_1) + k_2 u_2(x_2) + K k_1 k_2 u_1(x_1) u_2(x_2) \tag{3.21}$$

という乗法的な表現が得られる[†]．

　3.3.1 項の例 3.3 の例を改めて取り上げる．年収 X_1 が高く，職種 X_2 がよいことが，人生にとって望ましいと考える場合は，この選好は補完的である．逆に，年収 X_1 が高いか，職種 X_2 がよいかのどちらかが満足されていればよいと考える選好は，代替的である．これらの関係を効用関数 $u(x_1, x_2)$ の追加的なスケール定数 K に焦点を当てて考察する．図 3.17 では，年収 X_1 が高く，職種 X_2 がよい点を B-B，年収 X_1 が高く，職種 X_2 が悪い点を B-W，年収 X_1 が低く，職種 X_2 がよい点を W-B，年収 X_1 が低く，職種 X_2 が悪い点を W-W と表している．

　くじ (0.5, B-B;　0.5, W-W) がくじ (0.5, B-W;　0.5, W-B) よりも好ましければ，$K > 0$ であり，逆も成り立つ．このとき，属性 X_1 と属性 X_2 は補完的になる．逆に，くじ (0.5, B-W;　0.5, W-B) がくじ (0.5, B-B;　0.5, W-W) よりも好ましければ，$K < 0$ で

[†]　詳しい導出については，Keeney and Raiffa (1976) を参照のこと．

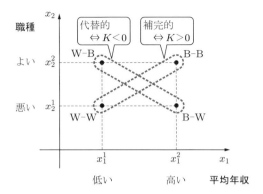

図 3.17 スケール定数 K の解釈

あり，逆も成り立つ．このとき，属性 X_1 と属性 X_2 は代替的になる．これらのくじが無差別ならば，$K = 0$ となり，補完性や代替性の相互作用はなく，式 (3.21) の第 3 項がなくなり，効用関数は加法型となる．

ここで，より一般的に二つの属性間の性質を考える．2 属性効用関数 $u(x_1, x_2)$ が微分可能であるとする．偏微分

$$\frac{\partial u(x_1, x_2)}{\partial x_i} \tag{3.22}$$

は，属性 X_i の微小な属性値の変化が全体の効用 $u(x_1, x_2)$ にどれだけ影響するかを表す．つまり，これは属性 X_i の価値を表しているため，**潜在価格** (shadow price) とよばれる．

さらに，異なる属性 x_j で式 (3.22) を偏微分すると，

$$\frac{\partial^2 u(x_1, x_2)}{\partial x_i \partial x_j} \tag{3.23}$$

が得られ，これは属性 X_j の微小な属性値の変化が属性 X_i の価値にどれだけ影響するかを表す．したがって，

$$\frac{\partial^2 u(x_1, x_2)}{\partial x_i \partial x_j} < 0$$

ならば，すなわち属性値 x_j の増加が属性 X_i の価値（潜在価格）を低下させる．このとき，属性 X_i は属性 X_j と代替的（代替可能）であるといわれ，これら二つの属性は互いに競合関係にあり，一方の目的を改善させると他方は悪化すると考えられる．

逆に，

$$\frac{\partial^2 u(x_1, x_2)}{\partial x_i \partial x_j} > 0$$

ならば，すなわち属性値 x_j の増加が属性 X_i の価値を上昇させるならば，属性 X_i と属性 X_j は補完的であるといわれる．この場合，一方の属性値の増加が他方の属性値の増加をもたらし，互いに望ましくなるように目的が達成される関係にあると考えられる．

効用関数が乗法型

$$u(x_1, x_2) = k_1 u_1(x_1) + k_2 u_2(x_2) + K k_1 k_2 u_1(x_1) u_2(x_2)$$

である場合，x_1 による偏微分は

$$\frac{\partial u(x_1, x_2)}{\partial x_1} = k_1 u_1'(x_1) + K k_1 k_2 u_2(x_2) u_1'(x_1)$$

となり，さらに x_2 で偏微分すると

$$\frac{\partial^2 u(x_1, x_2)}{\partial x_1 \partial x_2} = K k_1 k_2 u_1'(x_1) u_2'(x_2)$$

が得られる．このとき，スケール定数は非負，すなわち $k_1 \geq 0$, $k_2 \geq 0$ であり，単一属性効用関数 $u_1(x_1)$, $u_1(x_2)$ が増加関数ならば，$u_1'(x_1) \geq 0$, $u_2'(x_2) \geq 0$ となる．したがって，追加的なスケール定数 K の符号により，属性 X_1 と属性 X_2 が補完的か代替的であるかが定まる．

$u_i(B) > u_i(W)$, $i = 1, 2$ として，くじ $(0.5, \text{B-B}; \ 0.5, \text{W-W})$ がくじ $(0.5, \text{B-W}; \ 0.5, \text{W-B})$ よりも好ましい，すなわち

$$(0.5, \text{B-B}; \ 0.5, \text{W-W}) \succ (0.5, \text{B-W}; \ 0.5, \text{W-B})$$

ならば，

$$0.5u(B, B) + 0.5u(W, W) > 0.5u(B, W) + 0.5u(W, B)$$

より，

$$K k_1 k_2 \{u_1(B) - u_1(W)\}\{u_2(W) - u_2(B)\} < 0$$

を得て

$$K > 0$$

となる．したがって，属性 X_1 と属性 X_2 が補完的ならば，$K > 0$ である．逆に，くじ $(0.5, \text{B-W}; \ 0.5, \text{W-B})$ がくじ $(0.5, \text{B-B}; \ 0.5, \text{W-W})$ よりも好ましい，すなわち

$$(0.5, \text{B-W}; \ 0.5, \text{W-B}) \succ (0.5, \text{B-B}; \ 0.5, \text{W-W})$$

ならば，

$$K < 0$$

となり，属性 X_1 と属性 X_2 が代替的ならば，$K < 0$ である．

　これまでの考察から，属性の集合が相互効用独立ならば，効用関数は乗法型で表現され，加法的効用独立ならば，加法型で表現されることがわかった．しかし，このような条件が満たされない場合，多属性効用関数の同定は困難になる．この場合，乗法型や加法型で表現された効用関数が，本来の効用関数のよい近似になると考えられている．

3.3.3 ♦ 多属性効用関数の同定

　この項では，多属性効用関数を同定するうえでの実用的なテクニックを述べた後，同定のための手順を説明する．

(1) 入れ子構造

　属性の集合が相互効用独立ならば，効用関数は乗法型で表現され，加法的効用独立ならば，加法型で表現されるという事実は，各属性 X_i がスカラーでもベクトルでも成立する．とくに，属性 X_i がベクトルであるとき，u_i は入れ子 (nested) 多属性効用関数とよばれる．

　例として，図 3.18 のような農業経営に関する目的構造体に対応した，入れ子多属性効用関数について考える．この図に示した目的構造体をもつ小麦とジャガイモを生産している農家の多目的意思決定問題では，小麦とジャガイモの販売価格，小麦とジャガイモの肥料に関する費用の 4 種類の属性をもつ効用関数を同定することになる．全体の目的を農業経営とし，次の階層に価格 X_1，肥料費 X_2 をおき，第 3 階層に販売価格を小麦 X_{11} とジャガイモ X_{12} に分解し，さらに肥料費も同様に小麦 X_{21} とジャガイモ X_{21} に分解した目的構造体を考える．

　価格 $X_1 = \{X_{11}, X_{12}\}$，肥料費 $X_2 = \{X_{21}, X_{22}\}$ が相互効用独立であるとし，さらに価格の小麦 X_{11} とジャガイモ X_{12}，および肥料費の小麦 X_{21} とジャガイモ X_{22}

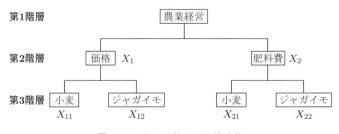

図 3.18　入れ子状の目的構造体

がそれぞれ相互効用独立であるとする．この仮定のもとでは，各属性の変数をそれぞれ小文字で表して $\boldsymbol{x}_1 = (x_{11}, x_{12})$, $\boldsymbol{x}_2 = (x_{21}, x_{22})$ とすると，効用関数は次のような形式をとる．

$$u(\boldsymbol{x}_1, \boldsymbol{x}_2) = k_1 u_1(\boldsymbol{x}_1) + k_2 u_2(\boldsymbol{x}_2) + K k_1 k_2 u_1(\boldsymbol{x}_1) u_2(\boldsymbol{x}_2)$$

$$u_1(\boldsymbol{x}_1) = u_1(x_{11}, x_{12})$$
$$= k_{11} u_{11}(x_{11}) + k_{12} u_{12}(x_{12}) + K_1 k_{11} k_{12} u_{11}(x_{11}) u_{12}(x_{12})$$

$$u_2(\boldsymbol{x}_2) = u_2(x_{21}, x_{22})$$
$$= k_{21} u_{21}(x_{21}) + k_{22} u_{22}(x_{22}) + K_2 k_{21} k_{22} u_{21}(x_{21}) u_{22}(x_{22})$$

この問題は 4 属性の問題であるが，上記のように階層化することによって，独立性の条件が成立しやすくなったり，属性間のトレードオフの評価が容易になるなどの利点がある．しかし，スケール定数としては $k_1, k_2, k_{11}, k_{12}, k_{21}, k_{22}$ の 6 種類と追加的なスケール定数 K, K_1, K_2 の 3 種類が必要になり，4 属性効用関数を直接評価する場合と比べて，スケール定数の数は増える．

(2) 独立性の確認

属性の集合が相互効用独立ならば，n 属性効用関数は乗法型で表現される．しかし，n 属性の場合，$(2^n - 2)$ の組合せの効用独立性を確認しなければならない．たとえば，4 属性 X_1, X_2, X_3, X_4 の場合，次の $2^4 - 2 = 14$ の組合せを確認することになる．

$$\{X_1\} \rightleftarrows \{X_2, X_3, X_4\}, \qquad \{X_1, X_2\} \rightleftarrows \{X_3, X_4\}$$
$$\{X_2\} \rightleftarrows \{X_1, X_3, X_4\}, \qquad \{X_1, X_3\} \rightleftarrows \{X_2, X_4\}$$
$$\{X_3\} \rightleftarrows \{X_1, X_2, X_4\}, \qquad \{X_1, X_4\} \rightleftarrows \{X_2, X_3\}$$
$$\{X_4\} \rightleftarrows \{X_1, X_2, X_3\}$$

しかし一般に，属性 $X_1, \ldots, X_n$ が相互効用独立であることと次の条件が等価であることが示されている．

$\{X_i, X_{i+1}\}$, $i = 1, \ldots, n-1$ がその補集合に対して効用独立である．

上記の性質から，たとえば，4 属性 X_1, X_2, X_3, X_4 の場合では

$$\{X_1, X_2\} \rightarrow \{X_3, X_4\}, \qquad \{X_2, X_3\} \rightarrow \{X_1, X_4\}$$
$$\{X_3, X_4\} \rightarrow \{X_1, X_2\}$$

の三つの条件を確認すればよいことがわかる．また，次の条件も等価であることが示

されている.

> 　ある一つの属性 X_i がその補集合に対して効用独立であり, $\{X_i, X_j\}$, $j \neq i$ が
> その補集合に対して選好独立である.

　この条件には, 効用独立性と選好独立性の両方が含まれていることに注意しなければ
ならない. 4 属性 X_1, X_2, X_3, X_4 の場合で考えると, たとえば,

$$\{X_1\} \qquad \rightarrow \qquad (効用独立)\{X_2, X_3, X_4\}$$
$$\{X_1, X_2\} \quad \rightarrow \qquad (選好独立)\{X_3, X_4\}$$
$$\{X_1, X_3\} \quad \rightarrow \qquad (選好独立)\{X_2, X_4\}$$
$$\{X_1, X_4\} \quad \rightarrow \qquad (選好独立)\{X_2, X_3\}$$

を確認すればよい. このように実際には, 比較的少ない独立性の確認作業によって, 相
互効用独立性が確認できる.

(3) スケール定数の意味

　乗法型の n 属性効用関数 $u(x_1, \ldots, x_n)$ と単一属性効用関数 $u_i(x_i)$, $i = 1, \ldots, n$ が
0-1 正規化されているとすると,

$$k_i = u(x_1^0, \ldots, x_{i-1}^0, x_i^*, x_{i+1}^0, \ldots, x_n^0), \quad i = 1, \ldots, n$$

となるので, 一般に, 属性 X_i のスケール定数 k_i はその属性の重要さを表していると
解釈されることもある. しかし, この定数は, あくまでも属性間のスケールを調整す
るためのものであることに注意しなければならない. また, 一般に, ある属性 X_i の
最悪値 x_i^0 と最良値 x_i^* の差が小さいとスケール定数 k_i は小さくなるが, その属性が
重要ではないとはいえない. この点を理解するために, 2 属性加法型効用関数の場合
を考える.

　いま, 2 属性加法型効用関数

$$u(x_1, x_2) = k_1 u_1(x_1) + k_2 u_2(x_2)$$

において

$$k_1 = \frac{1}{3}, \qquad k_2 = \frac{2}{3}$$

とする. このとき, もしスケール定数が重要性の指標だとすれば, 効用関数 u のもと
では, 属性 X_2 は属性 X_1 に比べて 2 倍重要であることになる.

　さて, $x_2^0 < \tilde{x}_2 < x_2^*$ とし, いま評価しようとしている代替案はすべて $[x_2^0, \tilde{x}_2]$ の区

間に入っているとする．このとき，$u_2(\tilde{x}_2) = 0.5$ とすると，

$$u(x_1^0, \tilde{x}_2) = \frac{1}{3} u_1(x_1^0) + \frac{2}{3} u_2(\tilde{x}_2) = \frac{1}{3}$$

となる．また，

$$u(x_1^*, x_2^0) = \frac{1}{3} u_1(x_1^*) + \frac{2}{3} u_2(x_2^0) = \frac{1}{3}$$

であり，

$$u(x_1^0, \tilde{x}_2) = u(x_1^*, x_2^0)$$

となるので，結果 $(x_1^0, \tilde{x}_2)$ と (x_1^*, x_2^0) は無差別，すなわち，$(x_1^0, \tilde{x}_2) \sim (x_1^*, x_2^0)$ を意味する．

代替案がすべて区間 $[x_2^0, \tilde{x}_2]$ の値をとるので，属性 X_2 の最良値 x_2^* を $\tilde{x}_2$ にかえて，新たな2属性加法型効用関数

$$u'(x_1, x_2) = k_1' u_1'(x_1) + k_2' u_2'(x_2)$$

を考える．ここで，$u_2'(\tilde{x}_2) = 1$ である．$(x_1^0, \tilde{x}_2) \sim (x_1^*, x_2^0)$ の関係から，

$$u'(x_1^0, \tilde{x}_2) = u'(x_1^*, x_2^0)$$
$$k_1' u_1'(x_1^0) + k_2' u_2'(\tilde{x}_2) = k_1' u_1'(x_1^*) + k_2' u_2'(x_2^0)$$

となり，

$$k_2' = k_1' = 0.5$$

を得る．

このように，属性 X_2 の最良値を x_2^* から $\tilde{x}_2$ に変更しただけでスケール定数の値が変化したことに注意しなければならない．とくに，スケール定数が重要性の指標ならば，効用関数 u のもとでは，属性 X_2 は属性 X_1 に比べて2倍重要であるが，効用関数 u' のもとでは，属性 X_1 と属性 X_2 は同じくらい重要であることを意味する．しかし，同じ問題を取り扱い，一つの属性の最良値を変更しただけなので，スケール定数が重要性の指標であるという解釈には一貫性があるとはいえず，スケール定数はあくまでも属性間のスケールを調整するためのものであると考えるべきである．

(4) 同定の手順

2属性の場合を取り上げ，乗法型効用関数

$$u(x_1, x_2) = k_1 u_1(x_1) + k_2 u_2(x_2) + K k_1 k_2 u_1(x_1) u_2(x_2)$$

を同定していく次の過程を確認する.

Step 1　相互効用独立性を確認する.
Step 2　単一属性効用関数 $u_1(x_1)$, $u_2(x_2)$ を同定する.
Step 3　スケール定数 k_1, k_2, K を決定する.

　Step 1 において, 2 属性効用関数が乗法型であるためには, 最初に相互効用独立性を確認しなければならない. 図 3.19 に示すように, 属性 X_2 の属性値を $x_2 = \bar{x}_2$ に固定し, 属性 X_1 の属性値が確率 0.5 で $x_1 = x_1^1$ となり, 確率 0.5 で $x_1 = x_1^2$ となるくじ $(0.5, (x_1^1, \bar{x}_2); \ 0.5, (x_1^2, \bar{x}_2))$ と無差別となる点 $(\hat{x}_1, \bar{x}_2)$ を評価する. 続いて, 属性 X_2 の属性値を $\bar{x}_2$ とは異なる値 $x_2 = \bar{\bar{x}}_2$ に固定し, 属性 X_1 の属性値が確率 0.5 で $x_1 = x_1^1$ となり, 確率 0.5 で $x_1 = x_1^2$ となるくじ $(0.5, (x_1^1, \bar{\bar{x}}_2); \ 0.5, (x_1^2, \bar{\bar{x}}_2))$ と無差別となる点 $(\hat{\hat{x}}_1, \bar{\bar{x}}_2)$ を評価する. このとき, X_1 が X_2 に対して効用独立であるためには, これらの無差別点の x_1 成分 $\hat{x}_1$ と $\hat{\hat{x}}_1$ が等しい, すなわち $\hat{x}_1 = \hat{\hat{x}}_1$ でなければならない. さらに確認のために, 属性 X_2 の新たな属性値を $x_2 = \bar{\bar{\bar{x}}}_2$ と固定し, 同様の評価を行い, 効用独立性を検証する. 次に, 属性 X_1 と属性 X_2 の役割をかえて同様に効用独立性を確認することによって, 相互効用独立性を確認できる.

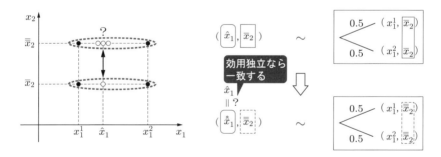

図 3.19　効用独立性の確認

　相互効用独立性を確認した後は, Step 2 で単一属性効用関数 $u_1(x_1)$, $u_2(x_2)$ を同定しなればならないが, この手順は 2.4 節と同様である.

　Step 3 におけるスケール定数の決定について, 詳細な手順を次に示す.

Step 3-1　属性 X_1 の属性値が最良値 x_1^* で, 属性 X_2 の属性値が最悪値 x_2^0 となる確実な結果 (x_1^*, x_2^0) と, その逆の結果 (x_1^0, x_2^*) のどちらが好ましいかを意思決定者が定める. (x_1^*, x_2^0) のほうが好ましいならば, $u(x_1^*, x_2^0) > u(x_1^0, x_2^*)$ であり

$$u(x_1^*, x_2^0) = k_1 u_1(x_1^*) + k_2 u_2(x_2^0) + K k_1 u_1(x_1^*) k_2 u_2(x_2^0) = k_1$$

$$u(x_1^0, x_2^*) = k_1 u_1(x_1^0) + k_2 u_2(x_2^*) + K k_1 u_1(x_1^0) k_2 u_2(x_2^*) = k_2$$

なので，$k_1 > k_2$ となり，k_1 のほうが大きい値をとる．逆の選好ならば，k_2 のほうが大きい値をとる．

Step 3-2　$(x_1^*, x_2^0) \succ (x_1^0, x_2^*)$ と意思決定者が評価したとする．このとき，図 3.20 に示すように，確実な結果 (x_1^*, x_2^0) とくじ $(\pi, (x_1^*, x_2^*); \ 1 - \pi, (x_1^0, x_2^0))$ が無差別となる確率 π を意思決定者が定める．このとき，$(x_1^*, x_2^0) \sim (\pi, (x_1^*, x_2^*); \ 1 - \pi, (x_1^0, x_2^0))$ なので，

$$u(x_1^*, x_2^0) = \pi u(x_1^*, x_2^*) + (1 - \pi) u(x_1^0, x_2^0)$$

より，$u(x_1^*, x_2^0) = k_1$, $u(x_1^*, x_2^*) = 1$, $u(x_1^0, x_2^0) = 0$ から，$k_1 = \pi$ となる．$(x_1^*, x_2^0) \prec (x_1^0, x_2^*)$ の場合は属性 X_1 と X_2 の役割が逆になる．

図 3.20　スケール定数の決定（確率評価）

Step 3-3　図 3.21 に示すように，結果 (x_1^0, x_2^*) と結果 $(\hat{x}_1, x_2^0)$ が無差別となる属性 X_1 の値 $\hat{x}_1$ を意思決定者が定める．このとき，$(x_1^0, x_2^*) \sim (\hat{x}_1, x_2^0)$ なので，

$$u(x_1^0, x_2^*) = u(\hat{x}_1, x_2^0)$$

より，$u(x_1^0, x_2^*) = k_2$, $u(\hat{x}_1, x_2^0) = k_1 u_1(\hat{x}_1)$ から，$k_2 = k_1 u_1(\hat{x}_1)$ となる．Step 3-2 で k_1 が決定され，Step 2 で単一属性効用関数 u_1 はすでに同定されているので $u_1(\hat{x}_1)$ の値は計算でき，k_2 が得られる．

Step 3-4　$u(x_1^*, x_2^*) = 1$, $u_1(x_1^*) = 1$, $u_2(x_2^*) = 1$ より，

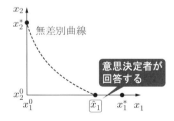

図 3.21　スケール定数の決定（無差別点評価）

$$1 = k_1 + k_2 + K k_1 k_2$$

であり，k_1, k_2 が既知であることから，

$$K = \frac{1 - k_1 - k_2}{k_1 k_2}$$

となり，K の値が定まる．

n 属性の場合に一般化した場合，Step 3 はそのままでは適用できないので，次の手順に一般化する．

Step 3-1* 属性 X_i の属性値が最良値 x_i^* でほかの属性 X_j, $j \neq i$ の属性値が最悪値 x_j^0 となる確実な結果 $(x_1^0, \ldots, x_{i-1}^0, x_i^*, x_{i+1}^0, \ldots, x_n^0)$ を，すべての属性 X_i, $i = 1, \ldots, n$ について考える．次の n 種類の結果から最良の結果を意思決定者が定める．

$$(x_1^*, x_2^0, \ldots, x_n^0), \qquad (x_1^0, x_2^*, \ldots, x_n^0), \qquad \ldots, \qquad (x_1^0, x_2^0, \ldots, x_n^*)$$

ここで，意思決定者が $(x_1^*, x_2^0, \ldots, x_n^0)$ がもっとも好ましいと評価したとする．このとき，

$$u(x_1^*, x_2^0, \ldots, x_n^0) = k_1 > u(x_1^0, \ldots, x_{i-1}^0, x_i^*, x_{i+1}^0, \ldots, x_n^0) = k_i,$$
$$i = 2, \ldots, n$$

となり，k_1 が最大値をとる．ほかの結果を意思決定者が選択した場合も，同様に最大のスケール定数が定まる．

Step 3-2* 確実な結果 $(x_1^*, x_2^0, \ldots, x_n^0)$ と，確率 π ですべての属性が最良値となる結果と確率 $(1-\pi)$ ですべての属性が最悪値となる結果のくじ $(\pi, (x_1^*, \ldots, x_n^*); \ 1-\pi, (x_1^0, \ldots, x_n^0))$ が無差別となる確率 π を意思決定者が定める．すなわち，

$$(x_1^*, x_2^0, \ldots, x_n^0) \sim (\pi, (x_1^*, \ldots, x_n^*); \ 1-\pi, (x_1^0, \ldots, x_n^0))$$

となるような π を定める．このとき，

$$u(x_1^*, x_2^0, \ldots, x_n^0) = \pi u(x_1^*, \ldots, x_n^*) + (1-\pi) u(x_1^0, \ldots, x_n^0)$$

となり，$u(x_1^*, x_2^0, \ldots, x_n^0) = k_1$, $\pi u(x_1^*, \ldots, x_n^*) + (1-\pi) u(x_1^0, \ldots, x_n^0) = \pi$ より，$k_1 = \pi$ となる．

Step 3-3* 属性 X_2 のみが最良値でその他の属性は最悪値となる結果 $(x_1^0, x_2^*, x_3^0, \ldots, x_n^0)$ と結果 $(\hat{x}_1, x_2^0, \ldots, x_n^0)$ が無差別となる属性 X_1 の属性値 $\hat{x}_1$ を意思決定者が定める．すなわち，

$$(x_1^0, x_2^*, x_3^0, \ldots, x_n^0) \sim (\hat{x}_1, x_2^0, \ldots, x_n^0)$$

となるような $\hat{x}_1$ を定める．このとき，

$$u(x_1^0, x_2^*, x_3^0, \ldots, x_n^0) = u(\hat{x}_1, x_2^0, \ldots, x_n^0)$$

となり，$u(x_1^0, x_2^*, x_3^0, \ldots, x_n^0) = k_2$, $u(\hat{x}_1, x_2^0, \ldots, x_n^0) = k_1 u_1(\hat{x}_1)$ より，$k_2 = k_1 u_1(\hat{x}_1)$ となり，k_2 が計算できる．同様の操作を属性 X_3 から X_n に対しても同様に繰り返すことによって，$k_3, \ldots, k_n$ が得られる．

Step 3-4*　$u(x_1^*, \ldots, x_n^*) = 1$, $u_i(x_i^*) = 1$, $i = 1, \ldots, n$ より

$$1 + K = \prod_{i=1}^{n}(1 + Kk_i)$$

であり，k_i, $i = 1, \ldots, n$ が既知であることから，K に対する多項式が得られる．$\sum_{i=1}^{n} k_i > 1$ ならば，$-1 < K < 0$ である．このとき，K は反復計算により得ることができる．つまり，K に $-1 < \hat{K} < 0$ を満たす適当な $\hat{K}$ を代入し，$1 + K = \prod_{i=1}^{n}(1 + Kk_i)$ の左辺と右辺を比較する．右辺が左辺より小さければ，$\hat{K}$ を微小な値だけ減らし，大きければ，微小な値だけ増やして，再び左辺と右辺を比較する．左辺と右辺の差が十分小さければ，そのときの $\hat{K}$ を $1 + K = \prod_{i=1}^{n}(1 + Kk_i)$ 満たす K とする．

$\sum_{i=1}^{n} k_i < 1$ ならば，$K > 0$ であるので，同様に左辺が右辺より小さければ，$\hat{K}$ を微小な値だけ減らし，大きければ，微小な値だけ増やして，再び左辺と右辺を比較することによって，$1 + K = \prod_{i=1}^{n}(1 + Kk_i)$ 満たす K をみつけることができる．

例 3.4　追加的なスケール定数 K の計算

3 属性効用関数の場合を考える．

$k_1 = 0.8$, $k_2 = 0.5$, $k_3 = 0.3$ が Step 3-1*から Step 3-3*で得られているとする．このとき，

$$1 + K = (1 + 0.8K)(1 + 0.5K)(1 + 0.3K)$$

となり，$\sum_{i=1}^{n} k_i > 1$ より $-1 < K < 0$ なので，Step 3-4*の反復計算に従えば，この式を満たす K は

$$K = -0.8761$$

となる．

一方，$\sum_{i=1}^{n} k_i < 1$ を満たす場合として，$k_1 = 0.4$, $k_2 = 0.2$, $k_3 = 0.1$ が Step 3-1*から Step 3-3*で得られているとする．このとき，$K > 0$ となり，Step 3-4*の反復計算に

従えば,

$$K = 1.93$$

をみつけることができる.

◆ 例 3.5 就職先の選択：多属性効用関数

学生の就職先の選択問題を取り上げる. 代替案としては，会社 1 から会社 5 までを考える. 会社 i を a^i と表すと，代替案の集合は $A = \{a^1, a^2, a^3, a^4, a^5\}$ となる. 就職先の選択問題を安定性，健全性，金銭的待遇の三つの目的（基準）から評価するとし，その属性をそれぞれ「資本金 X_1」，「営業利益 X_2」，「年収 X_3」とした 3 属性の意思決定問題と考える. 各属性値はより大きいほうが好ましい. ただし，属性「営業利益 X_2」に関しては，景気の動向で三つの事象が考えられる. すなわち，景気が「悪い」，「普通」，「よい」の三つの自然の状態に従って結果が定まるとする. 自然の状態「悪い s_1」，「普通 s_2」，「よい s_3」の生起する確率はそれぞれ $p_1 = 0.25$, $p_2 = 0.5$, $p_3 = 0.25$ とする. 代替案とその属性値が表 3.7 のように要約されたとする.

表 3.7 不確実性下の就職先候補

代替案	安定性 (資本金 X_1 [億円])	健全性（営業利益 X_2 [億円])			金銭的待遇 (年収 X_3 [万円])
		景気：悪い s_1 $p_1 = 0.25$	普通 s_2 $p_2 = 0.5$	よい s_3 $p_3 = 0.25$	
	x_1	x_{21}	x_{22}	x_{23}	x_3
会社 1: a^1	1200	2000	2500	3000	500
会社 2: a^2	15000	600	800	1000	800
会社 3: a^3	1000	2000	2600	3000	700
会社 4: a^4	800	1000	1500	2000	1200
会社 5: a^5	8000	1500	1800	2100	900

属性 X_1, X_2, X_3 が相互効用独立であると仮定する. このとき，乗法型 3 属性効用関数 $u(x_1, x_2, x_3)$ は次のように表される.

$$u(x_1, x_2, x_3) = \frac{1}{K}[\{Kk_1u_1(x_1)+1\}\{Kk_2u_2(x_2)+1\}\{Kk_3u_3(x_3)+1\}-1]$$

乗法型 3 属性効用関数 $u(x_1, x_2, x_3)$ を同定するうえで，各属性に対する単一属性効用関数 $u_1(x_1)$, $u_2(x_2)$, $u_3(x_3)$ とスケール定数 k_1, k_2, k_3, K を適切に決めることが求められる.

単一属性効用関数 u_i の同定に関しては，2.2 節で説明した. そのときと同様に，確実同値額を繰り返し指定することによって関数を同定する方法を用いる. ここでは，効用関数の形を指数型と仮定し，最良値 x_i^* と最悪値 x_i^0 を与えるとともに，確実同値額 CE_i を一度だけ指定することによって，指数関数

$$u_i(x_i) = -a_i \exp(-b_i x_i) + c_i$$

のパラメータ a_i, b_i, c_i を定める．属性「資本金 X_1」，「営業利益 X_2」，「年収 X_3」の効用関数をそれぞれ u_1, u_2, u_3 とする．最悪値 x_i^0，最良値 x_i^*，確実同値額 CE_i と指数型価値関数のパラメータ a_i, b_i, c_i を表 3.8 にまとめる．

表 3.8　効用関数のパラメータ

	u_1 資本金 x_1 [億円]	u_2 営業利益 x_2 [億円]	u_3 年収 x_3 [万円]
最悪値 x_i^0	500	0	200
最良値 x_i^*	20000	3000	2000
確実同値額 CE_i	8000	1200	400
a_i	1.663255	1.784057	2.000008
b_i	0.000049	0.000274	0.003456
c_i	1.622914	1.784057	1.001992

一つの属性だけが最良値で，ほかの属性は最悪値をとる結果を考えると，次の 3 種類の結果ベクトルが得られる．

$$(x_1^*, x_2^0, x_3^0), \qquad (x_1^0, x_2^*, x_3^0), \qquad (x_1^0, x_2^0, x_3^*)$$

ここで，表 3.8 より

$$x_1^0 = 500, \qquad x_1^* = 20000$$
$$x_2^0 = 0, \qquad x_2^* = 3000$$
$$x_3^0 = 200, \qquad x_3^* = 2000$$

である．いま，これら三つの結果ベクトルに対する意思決定者の選好が

$$(x_1^0, x_2^0, x_3^*) \succ (x_1^*, x_2^0, x_3^0) \succ (x_1^0, x_2^*, x_3^0)$$

とすると，

$$u(x_1^0, x_2^0, x_3^*) > u(x_1^*, x_2^0, x_3^0) > u(x_1^0, x_2^*, x_3^0)$$

であり，

$$u(x_1^*, x_2^0, x_3^0)$$
$$= \frac{1}{K}[\{Kk_1u_1(x_1^*) + 1\}\{Kk_2u_2(x_2^0) + 1\}\{(Kk_3u_3(x_3^0) + 1\} - 1] = k_1$$
$$u(x_1^0, x_2^*, x_3^0)$$
$$= \frac{1}{K}[\{Kk_1u_1(x_1^0) + 1\}\{Kk_2u_2(x_2^*) + 1\}\{Kk_3u_3(x_3^0) + 1\} - 1] = k_2$$
$$u(x_1^0, x_2^0, x_3^*)$$
$$= \frac{1}{K}[\{Kk_1u_1(x_1^0) + 1\}\{Kk_2u_2(x_2^0) + 1\}\{Kk_3u_3(x_3^*) + 1\} - 1] = k_3$$

なので,

$$k_3 > k_1 > k_2$$

を得る.

もっとも選好されている確実な結果 (x_1^0, x_2^0, x_3^*) と, 確率 π ですべての属性が最良値となる結果と確率 $(1-\pi)$ ですべての属性が最悪値となる結果をもつくじ $(\pi, (x_1^*, x_2^*, x_3^*);\ 1-\pi, (x_1^0, x_2^0, x_3^0))$ が無差別となる確率 π を意思決定者に尋ね, $\pi = 0.75$ という回答があったとする. すなわち,

$$(x_1^0, x_2^0, x_3^*) \sim (0.75, (x_1^*, x_2^*, x_3^*);\ 0.25, (x_1^0, x_2^0, x_3^0))$$

であり, この関係から

$$u(x_1^0, x_2^0, x_3^*) = 0.75u(x_1^*, x_2^*, x_3^*) + 0.25u(x_1^0, x_2^0, x_3^0)$$

となる. ここで,

$$u(x_1^0, x_2^0, x_3^*) = k_3$$
$$0.75u(x_1^*, x_2^*, x_3^*) + 0.25u(x_1^0, x_2^0, x_3^0) = 0.75$$

なので,

$$k_3 = 0.75$$

となる.

属性 X_1 のみが最良値で, その他の属性は最悪値となる結果 (x_1^*, x_2^0, x_3^0) と, 結果 $(x_1^0, x_2^0, \hat{x}_3)$ が無差別となるような属性 X_3 の属性値 $\hat{x}_3$ を意思決定者に尋ね, $\hat{x}_3 = 800$ という回答があったとする. すなわち,

$$(x_1^*, x_2^0, x_3^0) \sim (x_1^0, x_2^0, 800)$$

であったとする. このとき,

$$u(x_1^*, x_2^0, x_3^0) = u(x_1^0, x_2^0, 800)$$

となる. ここで,

$$u(x_1^*, x_2^0, x_3^0) = k_1, \qquad u(x_1^0, x_2^0, 800) = k_3 u_3(800)$$

なので, $k_1 = k_3 u_3(800)$ となる. さらに, 表3.8のパラメータおよび図3.22から, $u_3(800) = 0.8760$ であるので

$$k_1 = k_3 u_3(800) = 0.75 \times 0.8760 = 0.657$$

が得られる.

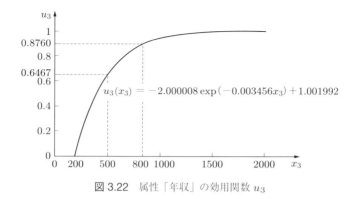

図 3.22 属性「年収」の効用関数 u_3

同様に，属性 X_2 のみが最良値で，その他の属性は最悪値となる結果 (x_1^0, x_2^*, x_3^0) と，結果 $(x_1^0, x_2^0, \hat{x}_3)$ が無差別となるような属性 X_3 の属性値 $\hat{x}_3$ を意思決定者に尋ね，$\hat{x}_3 = 500$ という回答があったとする．k_1 の導出と同様に

$$u(x_1^0, x_2^*, x_3^0) = u(x_1^0, x_2^0, \hat{x}_3), \qquad k_2 = k_3 u_3(\hat{x}_3)$$

より，$k_2 = k_3 u_3(500)$ となる．さらに，表 3.8 のパラメータおよび図 3.22 から，$u_3(500) = 0.6467$ であるので

$$k_2 = k_3 u_3(500) = 0.75 \times 0.6467 = 0.485$$

が得られる．

スケール定数は $1 + K = \prod_{i=1}^{n}(1 + k_i K)$ を満たすので，$k_1 = 0.657$，$k_2 = 0.485$，$k_3 = 0.75$ から

$$1 + K = (1 + 0.657K)(1 + 0.485K)(1 + 0.75K)$$

となり，$\sum_{i=1}^{n} k_i > 1$ を満たす場合の計算手順に従えば，この式を満たす K は

$$K = -0.9375$$

となる．

このとき，乗法型 3 属性効用関数は

$$
\begin{aligned}
& u(x_1, x_2, x_3) \\
&= \frac{1}{-0.9375}[\{-0.9375 \times 0.657 u_1(x_1) + 1\}\{-0.9375 \times 0.485 u_2(x_2) + 1\} \\
&\quad \times \{-0.9375 \times 0.75 u_3(x_3) + 1\} - 1]
\end{aligned}
$$

のように表される．属性 X_2 の値は離散的確率変数 $\tilde{x}_2$ で与えられるので，期待効用値は

$$
\begin{aligned}
& Eu(x_1, \tilde{x}_2, x_3) \\
&= \frac{1}{-0.9375}[\{-0.9375 \times 0.657 u_1(x_1) + 1\}\{-0.9375 \times 0.485 Eu_2(\tilde{x}_2) + 1\}
\end{aligned}
$$

$$\times \{-0.9375 \times 0.75u_3(x_3) + 1\} - 1]$$

となる．ここで，$Eu_2(\tilde{x}_2)$ の部分は

$$Eu_2(\tilde{x}_2) = p_1 u_2(x_{21}) + p_2 u_2(x_{22}) + p_3 u_2(x_{23})$$

を計算することになる．表 3.9 に示されるように，三つの属性値をもつ就職先候補の会社 1 (a^1) から会社 5 (a^5) を上記の乗法型 3 属性効用関数 u の期待効用値で評価することによって，学生の選好に従った選択されるべき会社は，最大の効用値をもつ会社 2 (a^2) であることがわかる．また，順位は

$$a^2, \quad a^5, \quad a^4, \quad a^3, \quad a^1$$

のように与えられる．

表 3.9　各代替案に対する乗法型 3 属性効用関数の値

代替案	単一属性効用関数値						効用関数値
	u_1	u_{21}	u_{22}	u_{23}	Eu_2	u_3	u
	$p_1 = 0.25$	$p_2 = 0.5$	$p_3 = 0.25$				
会社 1: a^1	0.0546	0.7527	0.8847	0.9999	0.8805	0.6467	0.7296
会社 2: a^2	0.8254	0.2705	0.3512	0.4279	0.3501	0.8760	0.8973
会社 3: a^3	0.0392	0.7527	0.9090	0.9999	0.8927	0.8240	0.8065
会社 4: a^4	0.0236	0.4276	0.6013	0.7527	0.5957	0.9704	0.8232
会社 5: a^5	0.4990	0.6013	0.6946	0.7806	0.6927	0.9128	0.8854

◆　◆　◆　問　題　◆　◆　◆　◆　◆　◆　◆　◆　◆　◆　◆　◆

3.1　次の七つの点の支配関係を明らかにせよ．また，パレート最適解を示せ．

A : (0.5, 0.5), B : (3.5, 1), C : (2.5, 2.5), D : (4, 2), E : (1, 3.5), F : (3, 3), G : (2, 4)

3.2　横軸に右手の手袋の数 x_1 をとり，縦軸に左手の手袋の数 x_2 をとったときの無差別曲線の概形を描け．［ヒント：手袋は両手そろって意味をなす．］

3.3　図 3.23 の 3 点 A, B, C は同じ無差別曲線上にあるが，これらの点の限界代替率の関係について述べよ．

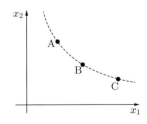

図 3.23　同じ無差別曲線上の点 A, B, C

3.4 2 属性 X_1, X_2 の加法型価値関数

$$v(x_1, x_2) = k_1 v_1(x_1) + k_2 v_2(x_2)$$

を考える. いま, 各属性の最悪値, 最良値, 最悪値と最良値の価値中点が表 3.10 のように得られているとする.

表 3.10 最悪値, 最良値, 価値中点

	最悪値 x_i^0	最良値 x_i^*	価値中点
X_1	0	100	20
X_2	500	800	600

このとき, 価値関数を指数型と仮定すると, 次のように決定できる.

$$v_1(x_1) = -1.039 \exp(-0.0328 x_1) + 1.039$$

$$v_2(x_2) = -14.517 \exp(-0.0048 x_2) + 1.309$$

最良値と最悪値のペア $(x_1^*, x_2^0), (x_1^0, x_2^*)$ に対して, 意思決定者は

$$(x_1^*, x_2^0) \succ (x_1^0, x_2^*)$$

のように判断し, さらに

$$(80, x_2^0) \sim (x_1^0, x_2^*)$$

の選好関係を明らかにした. $v_1(80) = 0.9638$ としたとき, スケール定数 k_1, k_2 を計算せよ.

3.5 問題 3.4 の 2 属性価値関数を用いて, 表 3.11 の代替案を順序付けせよ.

表 3.11 代替案の属性値

代替案	属性 1 の値 x_1	属性 2 の値 x_2
$\boldsymbol{x}^1$	50	600
$\boldsymbol{x}^2$	20	700
$\boldsymbol{x}^3$	10	750

ただし, 次の価値関数値を用いよ.

$$v_1(10) = 0.291, \qquad v_1(20) = 0.500, \qquad v_1(50) = 0.838$$

$$v_2(600) = 0.500, \qquad v_2(700) = 0.809, \qquad v_2(750) = 0.916$$

3.6 3 属性 X_1, X_2, X_3 の乗法型効用関数

$$u(x_1, x_2, x_3) = \frac{1}{K}[\{Kk_1 u_1(x_1)+1\}\{Kk_2 u_2(x_2)+1\}\{Kk_3 u_3(x_3)+1\}-1]$$

を考える. いま, 各属性の最悪値, 最良値, および, 確率 0.5 で最悪値, 確率 0.5 で最良値が得られるくじの確実同値額が, 表 3.12 のように得られているとする.

表 3.12　最悪値，最良値，確実同値額

	最悪値 x_i^0	最良値 x_i^*	確実同値額
X_1	0	200	50
X_2	100	500	200
X_3	0	1000	300

このとき，効用関数を指数型と仮定すると，次のように決定できる．

$$u_1(x_1) = -1.096 \exp(-0.022x_1) + 1.096$$

$$u_2(x_2) = -2.015 \exp(-0.0061x_2) + 1.096$$

$$u_3(x_3) = -1.198 \exp(-0.0018x_3) + 1.198$$

$(x_1^*, x_2^0, x_3^0), (x_1^0, x_2^*, x_3^0), (x_1^0, x_2^0, x_3^*)$ に対して，意思決定者は

$$(x_1^*, x_2^0, x_3^0) \succ (x_1^0, x_2^*, x_3^0) \succ (x_1^0, x_2^0, x_3^*)$$

のように判断した．このとき，スケール定数 k_1, k_2, k_3 の大きさの順序はどうなるか答えよ．

3.7　問題 3.6 において，意思決定者は，(x_1^0, x_2^0, x_3^0) とくじ $(\pi, (x_1^*, x_2^*, x_3^*); \ 1-\pi, (x_1^0, x_2^0, x_3^0))$ が無差別となる確率を $\pi = 0.7$ と評価したとする．さらに，意思決定者は次のような無差別関係を評価したとする．

$$(x_1^0, x_2^*, x_3^0) \sim (150, x_2^0, x_3^0), \qquad (x_1^0, x_2^0, x_3^*) \sim (120, x_2^0, x_3^0)$$

このとき，$u_1(150) = 0.920, u_1(120) = 0.842$ とした場合の，スケール定数 k_1, k_2, k_3 を計算せよ．

3.8　問題 3.6, 3.7 において，追加的なスケール定数が $K = -0.939$ であるとする．問題 3.6, 3.7 の 3 属性効用関数を用いて表 3.13 の代替案を順序付けせよ．ここで，属性 3 の値はくじ（離散的な確率分布）で与えられている．ただし，次の効用関数値を用いよ．

$$u_1(100) = 0.772, \qquad u_1(120) = 0.842, \qquad u_1(150) = 0.920$$

$$u_2(200) = 0.500, \qquad u_2(220) = 0.568, \qquad u_2(250) = 0.656$$

$$u_3(400) = 0.615, \qquad u_3(500) = 0.711, \qquad u_3(600) = 0.791$$

$$u_3(700) = 0.858, \qquad u_3(800) = 0.914$$

表 3.13　代替案の属性値

代替案	属性 1 の値 x_1	属性 2 の値 x_2	属性 3 の値 x_3
$\boldsymbol{x}^1$	100	220	$(0.3, 500; \ 0.5, 700; \ 0.2, 800)$
$\boldsymbol{x}^2$	150	200	$(0.3, 400; \ 0.5, 600; \ 0.2, 700)$
$\boldsymbol{x}^3$	120	250	$(0.3, 500; \ 0.5, 600; \ 0.2, 700)$

第 4 章

多基準意思決定手法

　第 3 章において，多属性価値関数や効用関数を取り扱い，その同定方法を示した．関数が同定されれば，比較されるべき代替案はその関数値を計算でき，その値に従って最良の代替案を選択できる．しかし，多属性価値関数や効用関数を同定するためには，意思決定者から，困難な判断を必要とする選好情報を引き出さなければならない．

　このような手法に対する代替的な方法として，基準や結果（代替案）を対にして比較すること（一対比較という）によって，代替案の順序付けを行ういくつかの手法やソフトウェアが開発されている[†]．本章では，代表的な手法である AHP，PROMETHEE，ELECTRE，MACBETH の四つを取り扱う．AHP は一対比較の評価として，両者の比率を尺度として用いる．PROMETHEE は一対比較におけるパラメータとして，無差別と選好の閾値を用い，ELECTRE はさらに拒否権の閾値も用いる．MACBETH は選好の強さを含む選好関係を用いる．これらの手法は暗黙的に，確実性下の意思決定における加法型価値関数に基づいているといえる．

4.1 ◆ AHP

　多属性価値関数や効用関数を構成するためには，3.2.4 項や 3.3.3 項で示した手順に従って，単一属性の価値関数や効用関数を同定したのち，属性間のトレードオフを評価しなければならない．一方，Saaty (1977; 1980) によって開発された AHP (analytic hierarchy process) では，基準（目的）や代替案の一対比較によって，代替案の順序付けが得られる．多属性価値関数や効用関数の同定と比べて，評価過程（アセスメント）の負荷が軽いといえる．

4.1.1 ◆ 問題の構造化

　AHP においては，多目的意思決定問題は 3 階層に構造化される．第 1 階層は意思決

　[†] これらの手法に関するソフトウェアも作成されている．各手法の概説とソフトウェアの使用方法については，Ishizaka and Nemery (2013) が詳しい．

定の目的であり，第2階層は基準[†] (criteria) で，第3階層は代替案である．ただし，複雑な問題に対しては，一つの基準に対して部分的な基準が定義され，階層が追加されることがある．

◆ 例 4.1　AHP の階層構造：就職先の選択

　図 4.1 に，就職先の選択問題に関する階層構造を示す．目的は「就職先の選択」であり，基準は「安定性」，「健全性」，「個人待遇」の三つである．代替案については，「会社1」，「会社2」，「会社3」の三つの選択肢がある．

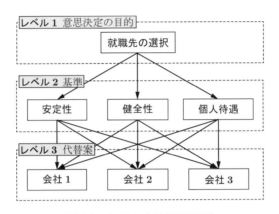

図 4.1　AHP における階層構造

4.1.2 ◆ 重みと優先度

　AHP では，基準や代替案を順序付けするための数値を**重み** (weight) や**優先度** (priority) とよび，次の3種類がある．

- **基準の重み**：　各基準の重要性
- **代替案の個別優先度**：　一つの基準に対する代替案の重要性
- **代替案の総合優先度**：すべての基準を考慮した代替案の重要性（この数値によって，最終的な代替案の順序付けが行われる）

基準の重みと代替案の個別優先度は，一対比較を用いた同じ手法で評価される．一対比較には言語表現が用いられ，それらは表 4.1 に示されるように数値尺度に変換される．表には1から9の奇数が示されているが，それらの間の偶数 2, 4, 6, 8 は，二つの奇数間の中間的な判断が対応する．基準や代替案が一対比較された結果は，次の例でみるような，**比較行列** (comparison matrix) で表される．

[†]　第3章では，AHP の第2階層における「基準」は「目的」あるいは「属性」とよんでいたが，AHP を含む第4章で取り扱う手法では，基準とよぶことが一般的であるので，本書でも基準という用語を用いる．

表 4.1　AHP の比較尺度

言語表現	数値尺度
同じくらいに重要 (equal importance) 　　二つの対象は同じくらい目的に対して貢献する	1
少し重要 (weak importance) 　　経験上少しだけ優位に判断される	3
かなり重要 (essential or strong importance) 　　経験上強く優位に判断される	5
実証的に重要 (demonstrated importance) 　　強く優位に判断され，現実的に優位である	7
絶対的に重要 (absolute importance) 　　優位性が明らかである	9

◆ 例 4.2　比較行列：就職先の選択

　就職先の選択問題に関して意思決定者が，基準間の比較行列を表 4.2 に，各基準（安定性，健全性，個人待遇のそれぞれ）に関する代替案の比較行列を表 4.3 に示したように回答したとする．表 4.2 の安定性，健全性，個人待遇の見出しをとれば，比較行列は右に示した行列 A として表わされる．

　たとえば，表 4.2 の第 3 行 1 列（行：個人待遇，列：安定性）の値は 7 である．これは，「個人待遇」が「安定性」よりも実証的に重要，つまり強く優位に判断され，現実的に優位

表 4.2　AHP の基準に対する比較行列

	安定性	健全性	個人待遇
安定性	1	1/3	1/7
健全性	3	1	1/5
個人待遇	7	5	1

$$\Rightarrow \quad A = \begin{bmatrix} 1 & 1/3 & 1/7 \\ 3 & 1 & 1/5 \\ 7 & 5 & 1 \end{bmatrix}$$

表 4.3　AHP の代替案に対する比較行列

安定性	会社 1	会社 2	会社 3
会社 1	1	3	5
会社 2	1/3	1	2
会社 3	1/5	1/2	1
健全性	会社 1	会社 2	会社 3
会社 1	1	7	3
会社 2	1/7	1	1/3
会社 3	1/3	3	1
個人待遇	会社 1	会社 2	会社 3
会社 1	1	5	1/3
会社 2	1/5	1	1/7
会社 3	3	7	1

であると意思決定者が評価したことを意味している．なお，第1行3列（行：安定性，列：個人待遇）は逆の比較になるので，逆数の1/7となっている．

表4.3の一つめの行列は，「安定性」に関する各代替案の比較結果を示している．この行列において，第1行2列（行：会社1，列：会社2）の値は3である．これは，意思決定者が「安定性」の観点から，「会社1」が「会社2」よりも少し重要，つまり経験上少しだけ優位に判断されると評価したことを意味している．

一般に，n種類の基準あるいは代替案がある場合の比較行列は$n \times n$行列で表現され，その対角要素が1で，同じペアの要素はそれぞれの逆数になるとすれば，一対比較の回数は$(n^2 - n)/2$となる．したがって，nが大きくなると，一対比較の回数は意思決定者の能力を超えるほどに増大する．たとえば，表4.2のような3×3行列の場合，一対比較の回数は$(3^2 - 3)/2 = 3$であるが，$n = 7$になれば，$(7^2 - 7)/2 = 21$となり，意思決定者の負担は大きくなる．

さらに，得られた比較行列が適切かどうかを確認する必要がある．たとえば，「個人待遇」が「健全性」より重要であり，かつ「健全性」が「安定性」より重要であり，かつ「安定性」が「個人待遇」より重要であれば，

個人待遇 $\succ$ 健全性 $\succ$ 安定性 $\succ$ 個人待遇

のような選好関係の巡回が起きてしまい，適切ではなくなる．比較行列の適切さを示す規則として，以下で説明する**推移性規則**と**逆数規則**がある．これらを満たすとき，比較行列は**一貫性**があるという．

AHPにおいて，推移性規則は次のような関係である．

「個人待遇」が「健全性」より2倍重要で，「健全性」が「安定性」より3倍重要ならば，「個人待遇」は「安定性」より6倍重要である．

一般に，基準あるいは代替案iとjの一対比較の値をa_{ij}とすると，推移性規則は

$$a_{ij} = a_{ik}a_{kj} \tag{4.1}$$

の関係を満たすことである．

また，逆数規則は次のような関係である．

「個人待遇」が「健全性」より2倍重要ならば，「健全性」は「個人待遇」より1/2倍重要である．

一般に，逆数規則は

$$a_{ij} = \frac{1}{a_{ji}} \tag{4.2}$$

の関係を満たすことである.

いま, n 種類の基準を比較するとする. 仮に, あらかじめ重みが知られているとし, 基準 i に対する重みを w_i とする. このとき, 基準 i と j の一対比較の値 a_{ij} は

$$a_{ij} = \frac{w_i}{w_j}$$

となるはずである. 対応する比較行列 A^* は

$$A^* = \begin{bmatrix} a_{11} & \cdots & a_{1j} & \cdots & a_{1n} \\ \vdots & \ddots & \vdots & \ddots & \vdots \\ a_{i1} & \cdots & a_{ij} & \cdots & a_{in} \\ \vdots & \ddots & \vdots & \ddots & \vdots \\ a_{n1} & \cdots & a_{nj} & \cdots & a_{nn} \end{bmatrix} = \begin{bmatrix} w_1/w_1 & \cdots & w_1/w_j & \cdots & w_1/w_n \\ \vdots & \ddots & \vdots & \ddots & \vdots \\ w_i/w_1 & \cdots & w_i/w_j & \cdots & w_i/w_n \\ \vdots & \ddots & \vdots & \ddots & \vdots \\ w_n/w_1 & \cdots & w_n/w_j & \cdots & w_n/w_n \end{bmatrix}$$

となる. この場合, 比較行列 A^* は推移性規則と逆数規則を完全に満たしている. しかし実際には, 重みは意思決定者によって評価された比較行列から計算されたものであり, あらかじめ知られていない. したがって一般に, 意思決定者が評価した比較行列は必ずしも一貫性があるとはいえない. また, 代替案に関する比較行列と優先度の関係も同様である.

たとえば, 例 4.2 の表 4.2 に示した基準間の比較行列においては, 逆数規則は成立しているが, 比較行列の ij 要素を a_{ij} とすると

$$a_{31} = 7 \neq a_{32}a_{21} = 5 \times 3 = 15$$

となり, 推移性規則は成立していない.

このように, 意思決定者が評価した比較行列は一貫性がないことがあるので, その場合は後で示す一貫性の指標を参考にして, 再評価が行われる.

4.1.3 ♦ 重みと個別優先度の計算

基準間の比較行列から基準の重みを計算し, また個別の基準における代替案間の比較行列から代替案の個別優先度を計算する方法として, 固有値法, 近似法, 幾何平均法がある.

(1) 固有値法

固有値法 (eigenvalue method) は, 比較行列 A の固有ベクトルを重みあるいは個別優先度とする方法である. $n \times n$ の行列 A を比較行列とし, $\lambda, \boldsymbol{w}$ をそれぞれ A の固有値と固有ベクトルとすると,

$$Aw = \lambda w \tag{4.3}$$

のように表現される．このとき，固有値法では，最大の固有値に対応する固有ベクトルを重みあるいは個別優先度と考える．なお，比較行列のように行列の要素が正である正方行列には，唯一の最大実固有値 $\lambda_{\max}$ が存在し，それに対応する固有ベクトルの各成分は厳密に正であることが知られている．

推移性規則と逆数規則を満たしている比較行列 A^* に関しては，$\lambda_{\max} = n$ となり

$$A^* \boldsymbol{w} = n\boldsymbol{w}$$

を満たす．実際，$a_{ij} = w_i/w_j$ であるならば，$A^* \boldsymbol{w}$ の第 i 要素は

$$\frac{w_i}{w_1}w_1 + \cdots + \frac{w_i}{w_n}w_n = nw_i, \quad i = 1, \ldots, n$$

となり，固有ベクトル $\boldsymbol{w}$ は個別優先度に対応する．

たとえば，

$$A^* = \begin{bmatrix} 1 & 1/2 & 1/8 \\ 2 & 1 & 1/4 \\ 8 & 4 & 1 \end{bmatrix}$$

とすれば，A^* は一貫性がある（推移性規則と逆数規則を満たしている）．

$$A^* \boldsymbol{w} = \begin{bmatrix} 1 & 1/2 & 1/8 \\ 2 & 1 & 1/4 \\ 8 & 4 & 1 \end{bmatrix} \boldsymbol{w} = 3\boldsymbol{w}$$

より，

$$\boldsymbol{w} = \begin{bmatrix} 1/11 \\ 2/11 \\ 8/11 \end{bmatrix}$$

となり，$a_{ij} = w_i/w_j$ の関係を満たす．

意思決定者によって慎重に評価されたとしても，比較行列は必ずしも完全に推移性規則を満たさない．しかし，一貫性を満足しない程度が，ある指標によって許容できる範囲にあると判断されるならば，最大実固有値に対応する固有ベクトルを重みあるいは個別優先度とみなすことができる．たとえば，表 4.2 に示した比較行列

$$A = \begin{bmatrix} 1 & 1/3 & 1/7 \\ 3 & 1 & 1/5 \\ 7 & 5 & 1 \end{bmatrix}$$

は推移性規則を満たしていない．比較行列 A の最大の固有値と対応する固有ベクトルを求めると，

$$\lambda_{\max} = 3.0649, \qquad \boldsymbol{w} = \begin{bmatrix} 0.0810 \\ 0.1884 \\ 0.7306 \end{bmatrix}$$

となる．

このような比較行列の固有ベクトルを重みあるいは個別優先度として使用するうえでの適切さの指標として，次の一貫性指標 (CI: consistency index) が提案されている．

$$CI = \frac{\lambda_{\max} - n}{n - 1} \tag{4.4}$$

意思決定者が評価した比較行列の CI と比較するために，ランダムに生成した多数の行列の CI の平均値をランダム指標 RI と定義する．一貫性比率 (CR: consistency ratio) は，CI と RI の比，すなわち

$$CR = \frac{CI}{RI} \tag{4.5}$$

として定義し，固有ベクトルを重みあるいは個別優先度として使用できるかどうかの判断に用いられる．一般に，CR が 0.1 より小さければ，意思決定者によって評価された比較行列は受け入れ可能であると判断される．

ランダムに生成した 500 の行列の CI から計算されたランダム指標 RI は，表 4.4 のように示される (Saaty, 2005).

表 4.4　ランダム指標 RI（Saaty, 2005 より）

n	3	4	5	6	7	8	9	10
RI	0.52	0.89	1.11	1.25	1.35	1.40	1.45	1.49

この指標を例 4.2 の表 4.2 に示した比較行列 A に当てはめてみると，

$$CR = \frac{CI}{RI} = \frac{\dfrac{3.0649 - 3}{3 - 1}}{0.52} = 0.0624$$

となる．この場合 $CR = 0.0624 < 0.1$ なので，表 4.2 に示された比較行列 A の $\lambda_{\max}$ に対応する固有ベクトルは，重みとして使用できると判断される．

なぜ固有ベクトルを重みあるいは個別優先度として使用できるのかを理解することは，直観的には困難である．固有ベクトルを算出する方法を示しながら，その解釈を考えよう．固有ベクトルの算出に関して，AHP による意思決定を支援するソフトウェアでよく使用されている方法は，固有方程式を直接解かず，べき乗法 (power method)

によって最大実固有値とそれに対応する固有ベクトルを計算するというものである.
べき乗法は，一般に，対象とする行列に非負のベクトルを反復的にかけていく方法で
あるが，ここでは対象とする行列をかけていく方法を示す.

Step 1 $A_1 = A$, $k = 1$ とする.

Step 2 $A_{k+1} = A_k A_k$ を計算する.

Step 3 A_{k+1} の行の和をとったものをベクトル $\boldsymbol{w}_{k+1}$ とし，ベクトルの要素の和
が 1 となるように，$\boldsymbol{w}_{k+1}$ を正規化する.

Step 4 $\boldsymbol{w}_{k+1}$ と前回のベクトル $\boldsymbol{w}_k$ を比較し，各要素の差が定められた小さな正数
より小さければ，終了する. そうでなければ，$k = k+1$ として，Step 2 へ戻る.

表 4.2 に示した比較行列 A に対して上記の手順を適用すると

$$\boldsymbol{w}_2 = \begin{bmatrix} 0.0785 \\ 0.1862 \\ 0.7353 \end{bmatrix}, \qquad \boldsymbol{w}_3 = \begin{bmatrix} 0.0810 \\ 0.1885 \\ 0.7305 \end{bmatrix}, \qquad \boldsymbol{w}_4 = \begin{bmatrix} 0.0810 \\ 0.1884 \\ 0.7306 \end{bmatrix}$$

となり，$k = 4$ のとき，固有方程式で解いた固有ベクトルとほぼ等しい値となっている.

上記の Step 2 では，$A \leftarrow AA$ として比較行列 A を更新しており，更新された比較
行列の ij 要素は第 i 行と第 j 列の積

$$(a_{i1}, \ldots, a_{in}) \begin{pmatrix} a_{1j} \\ \vdots \\ a_{nj} \end{pmatrix} = \sum_{l=1}^{n} a_{il} a_{lj}$$

である. したがって，更新された比較行列 A の要素 a_{ij} は，正規化すれば，$a_{i1}a_{1j}, a_{i2}a_{2j}$,
$\ldots, a_{in}a_{nj}$ の平均となる. このことから，固有値法では一対比較の評価に対して，推移
性を考慮した平均に基づいて，重みあるいは個別優先度を計算していると解釈できる.

さて，表 4.2 に示した比較行列 A の 3 行 1 列要素 $a_{31} = 7$ に注目する. 推移性規則
を満たすならば，

$$a_{31} = a_{31}a_{11} = \frac{w_3}{w_1}\frac{w_1}{w_1} = \frac{w_3}{w_1}$$

$$a_{31} = a_{32}a_{21} = \frac{w_3}{w_2}\frac{w_2}{w_1} = \frac{w_3}{w_1}$$

$$a_{31} = a_{33}a_{31} = \frac{w_3}{w_3}\frac{w_3}{w_1} = \frac{w_3}{w_1}$$

を満たす. しかし，実際は

$$a_{31} = a_{31}a_{11} = 7 \times 1 = 7$$

$$a_{31} = a_{32}a_{21} = 5 \times 3 = 15$$

$$a_{31} = a_{33}a_{31} = 1 \times 7 = 7$$

となっており，A は推移性規則を満たしていないが，固有値法ではこれらの一対比較の評価の平均をとって a_{31} を評価していると考えられる．

これまでは基準の重み $\boldsymbol{w}$ に対する記述であったが，個別優先度 $\boldsymbol{p}$ に対しては，w_i を p_i にかえればまったく同様である．

表 4.5 に，固有値法によって計算された基準の重みおよび代替案の個別優先度をまとめる．四つの比較行列に対する一貫性比率 CR はそれぞれ 0.0624, 0.0036, 0.0068, 0.0627 であり，すべて 0.1 より小さく，これらの比較行列は意思決定者にとって受け入れ可能であると考えられる．

表 4.5　固有値法による基準の重みと代替案の個別優先度

	安定性	健全性	個人待遇	重み $\boldsymbol{w}$	
安定性	1	1/3	1/7	0.0810	$\lambda_{\max} = 3.0649$
健全性	3	1	1/5	0.1884	$CI = 0.03245$
個人待遇	7	5	1	0.7306	$CR = 0.0624$

安定性	会社 1	会社 2	会社 3	優先度 $\boldsymbol{p}_1$	
会社 1	1	3	5	0.6483	$\lambda_{\max} = 3.0037$
会社 2	1/3	1	2	0.2297	$CI = 0.0018$
会社 3	1/5	1/2	1	0.1220	$CR = 0.0036$

健全性	会社 1	会社 2	会社 3	優先度 $\boldsymbol{p}_2$	
会社 1	1	7	3	0.6694	$\lambda_{\max} = 3.0070$
会社 2	1/7	1	1/3	0.0880	$CI = 0.0035$
会社 3	1/3	3	1	0.2426	$CR = 0.0068$

個人待遇	会社 1	会社 2	会社 3	優先度 $\boldsymbol{p}_3$	
会社 1	1	5	1/3	0.2789	$\lambda_{\max} = 3.0652$
会社 2	1/5	1	1/7	0.0720	$CI = 0.0326$
会社 3	3	7	1	0.6491	$CR = 0.0627$

(2) 近似法

近似法 (approximate method) は，重みあるいは個別優先度を計算するために，比較行列 A の行の和をとり，合計が 1 となるように正規化するだけの単純な手法である．その手順を次に示す．

Step 1　　比較行列 A の各行 i に対して

$$r_i = \sum_{j=1}^n a_{ij}, \quad i = 1, \ldots, n$$

を計算する.

Step 2　各 i に対して次のように正規化する.

$$w_i \text{ または } p_i = \frac{r_i}{\displaystyle\sum_{i=1}^n r_i}, \quad i = 1, \ldots, n$$

この手法を表 4.2 の比較行列 A に適用すると, 表 4.6 に示されるような重みが計算される. また, 表 4.3 の代替案に対する比較行列に対しても同様に計算できる.

表 4.6　近似法による重みの計算

	安定性	健全性	個人待遇	合計	重み w
安定性	1	1/3	1/7	1.4762	0.0790
健全性	3	1	1/5	4.200	0.2249
個人待遇	7	5	1	13	0.6961

固有値法では, Step 3 において比較行列 A が繰り返しかけられた行列 A_{k+1} に対して行の和をとり, その和が 1 となるように正規化している. 一方, 近似法では, 単に比較行列 A に対して行の和をとり, その和が 1 となるように正規化している. この意味で近似であるといえる.

表 4.6 に示された重み w と表 4.5 に示された重み w を比較すると, 健全性の重みが近似法では若干大きくなり, 個人待遇の重みがほぼその分だけ小さくなっている. 安定性の重みに関しては, どちらもほぼ同じような値である.

(3) 幾何平均法

幾何平均法 (geometric mean method) は, 後述する乗法誤差を最小にする手法であり, 基準 i の重み w_i あるいは代替案 i の個別優先度 p_i は, 次のような手順で定められる.

Step 1　比較行列 A の各行 i に対して

$$g_i = \sqrt[n]{\prod_{j=1}^n a_{ij}}, \quad i = 1, \ldots, n$$

を計算する.

Step 2　各 i に対して次のように正規化する.

$$w_i \ \text{または} \ p_i = \frac{g_i}{\displaystyle\sum_{i=1}^{n} g_i}, \quad i = 1, \ldots, n$$

基準の重みについて考える. 基準 i と j の重みがそれぞれ w_i, w_j であるとき, 一対比較の値 a_{ij} は

$$a_{ij} = \frac{w_i}{w_j}$$

と評価されるはずであるが, この評価に誤差が含まれると考え, 乗法誤差 e_{ij} を導入すると, 評価値 a_{ij} は

$$a_{ij} = \frac{w_i}{w_j} e_{ij}$$

と表現できる. これらの誤差の対数の 2 乗和を最小にする問題は

$$\text{minimize} \sum_{i=1}^{n} \sum_{j=1}^{n} \{\ln(e_{ij})\}^2 = \text{minimize} \ \sum_{i=1}^{n} \sum_{j=1}^{n} \left\{ \ln(a_{ij}) - \ln\left(\frac{w_i}{w_j}\right) \right\}^2$$

であり, この問題の最適解が比較行列 A の行ベクトルに対する幾何平均

$$w_i = \sqrt[n]{\prod_{j=1}^{n} a_{ij}}, \quad i = 1, \ldots, n$$

であることが知られている.

この手法を表 4.2 の比較行列 A に適用すると, 表 4.7 に示されるような重みが計算される. 表 4.5 に示した固有値法で計算された重みと比較すると, この例に関しては, 幾何平均法で得られた重みは, 固有値法による結果とほぼ同じであることがわかる.

表 4.7 幾何平均法による重み計算

	安定性	健全性	個人待遇	幾何平均	重み $\boldsymbol{w}$
安定性	1	1/3	1/7	0.3625	0.0810
健全性	3	1	1/5	0.8434	0.1884
個人待遇	7	5	1	3.2711	0.7306
合計				4.4770	

幾何平均法は, 固有値法で問題となる選好順序の逆転が生じないといわれている. 個別の基準に関する代替案の比較行列を考える. たとえば, 基準として互いに反対の意味をもつと考えられる, 「高級感」と「経済性」を取り上げる. 「高級感」に対して代替案 i と j の一対比較の評価が a_{ij} であるとき, 「経済性」に関しては同じ代替案 i と j の一対比較の評価がまったく逆であれば, $1/a_{ij}$ となる場合が考えられる.

このような状況を想定して，a_{ij} を要素とした比較行列を A とし，$1/a_{ij}$ を要素とした比較行列を $\bar{A}$ とする．このとき，比較行列 A に対する個別優先度の順位は比較行列 $\bar{A}$ に対する個別優先度の順位の逆順であるべきと考えられる．しかし，固有値法では必ずしも逆順にはならず，選好順序の逆転が生じることがある一方で，幾何平均法ではこのような逆転が生じないことが知られている．

4.1.4 ♦ 総合優先度の計算

最後に，固有値法などの方法で求めた基準の重みと各基準に対する代替案の個別優先度を用いて，代替案の総合優先度を計算する．AHP では，個別優先度の和が 1 になるように正規化され，個別優先度に重みがかけられ，合計が計算される．基準の数を n，代替案の数を m とする．基準の重みを

$$\boldsymbol{w} = (w_1, \ldots, w_n)$$

とし，基準 i に対する代替案 1 から m の個別優先度を

$$\boldsymbol{p}^i = (p_1^i, \ldots, p_m^i), \quad i = 1, \ldots, n$$

とする．このとき，代替案 j の総合優先度は

$$P_j = w_1 p_j^1 + w_2 p_j^2 + \cdots + w_n p_j^n = \sum_{i=1}^n w_i p_j^i \tag{4.6}$$

と定義される．

◆ 例 4.3　総合優先度の計算：就職先の選択

例 4.1，4.2 に示した就職先の選択問題に対して，表 4.5 に示した固有値法で計算した基準の重み $\boldsymbol{w}$ と各代替案の個別優先度 $\boldsymbol{p}_j$，$j = 1, 2, 3$ を用いて総合優先度をそれぞれ計算すると，次のようになる．

$$\text{会社 1: } P_1 = \sum_{i=1}^3 w_i p_1^i = w_1 p_1^1 + w_2 p_1^2 + w_3 p_1^3$$
$$= 0.0810 \times 0.6483 + 0.1884 \times 0.6694 + 0.7306 \times 0.2789 = 0.3824$$

$$\text{会社 2: } P_2 = \sum_{i=1}^3 w_i p_2^i = w_1 p_2^1 + w_2 p_2^2 + w_3 p_2^3$$
$$= 0.0810 \times 0.2297 + 0.1884 \times 0.0880 + 0.7306 \times 0.0720 = 0.0878$$

$$\text{会社 3: } P_3 = \sum_{i=1}^3 w_i p_3^i = w_1 p_3^1 + w_2 p_3^2 + w_3 p_3^3$$
$$= 0.0810 \times 0.1220 + 0.1884 \times 0.2426 + 0.7306 \times 0.6491 = 0.5298$$

　総合優先度は会社 3 の値が最大で 0.5298 となり，会社 1 の値は 2 番目で 0.3824 であり，会社 2 の値が最小で 0.0878 となり，会社 3 が選択される.

4.1.5 ♦ 基準の集合の構造化

　基準の数が多い場合，基準の集合が上位レベルと下位レベルに構造化されることがある．このような場合も，上位レベルの基準の重みと下位レベルの基準の重みを同じ方法で別々に計算することにより，総合優先度は計算される．たとえば，図 4.2 のように基準の階層構造があり，

$$w_1 = 0.3, \qquad w_2 = 0.2, \qquad w_3 = 0.5, \qquad w_{31} = 0.4, \qquad w_{32} = 0.6$$

のように，基準の重みが得られたとする.

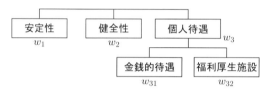

図 4.2　基準の階層構造

この場合，w_3 のかわりに w_3' と w_4' として表すことによって，基準の数を 4 として，

$$w_1 = 0.3, \qquad w_2 = 0.2$$

$$w_3' = w_3 w_{31} = 0.5 \times 0.4 = 0.2, \qquad w_4' = w_3 w_{32} = 0.5 \times 0.6 = 0.3$$

のように，基準 w_1, w_2, w_3', w_4' の重みが計算される．ほかの手順は，階層化されていない場合と同じである.

4.2　 PROMETHEE

　PROMETHEE は，一対比較に基づいた順序付け手法で，代替案の半順序と全順序を与える (Brans and Vincke, 1985; Brans *et al.*, 1986)．ここで，半順序とは，順序付けにおいて，比較不能を含み，全順序においては比較不能は含まれない．PROMETHEE の名称は Preference Ranking Organization Method for Enriched Evaluation を意味している．この手法では，選好関数 (preference function) によって得られる二つの代替案の間の基準ごとの選好度 (preference degree) を評価する．次に，基準間の重みを評価し，ほかの代替案に対する比較を通して，総合的な正の評価，負の評価および正負を統合した評価を行い，代替案を順序付けする．また，この手順をかえて，最後

に基準に関する集約を行うこともある.

4.2.1 ◆ 順序付け

$A = \{a_1, \ldots, a_m\}$ を代替案の集合とする. そして, $F = \{1, \ldots, n\}$ を基準の集合とし, $f_i(a_j)$ を基準 i に関する代替案 a_j の評価値とする.

(1) 単一基準の選好度

基準 i に関して二つの代替案 a_j と a_k を比較するとき, PROMETHEE では選好関数 p^i が用いられ, これは基準 i に関する代替案 a_j と a_k の評価値 $f_i(a_j)$ と $f_i(a_k)$ の差分の関数

$$p^i_{jk} = p^i(f_i(a_j) - f_i(a_k)) \in [0, 1] \tag{4.7}$$

として表現される. 関数値 p^i_{jk} は基準 i に関する代替案 a_j の代替案 a_k に対する**選好度**(好ましさの度合い)であり, p^i_{jk} の値が増加するにつれて, 代替案 a_j が a_k よりも選好される度合いが増す. とくに極端な場合, 次のような意味をもつ.

- $p^i_{jk} = 0$ ならば, 代替案 a_j と a_k は無差別であるか, 代替案 a_j は a_k に関してなんら選好はない.
- $p^i_{jk} \gtrsim 0$ (0 に近い正数) ならば, 代替案 a_j は a_k に対して弱い選好がある(少し好ましい).
- $p^i_{jk} \lesssim 1$ (1 より小さいが 1 に近い正数) ならば, 代替案 a_j は a_k に対して強い選好がある(強く好ましい).
- $p^i_{jk} = 1$ ならば, 代替案 a_j は a_k に関して完全に強い選好がある(完全に好ましい).

選好関数 p^i は, 一般には, 図 4.3(a) に示すような, 差分 $d = f_i(a_j) - f_i(a_k)$ に関する増加関数である. その一形式として, 図 4.3(b) に示す線形関数の表現がある. 線形関数の場合, パラメータ p_i, q_i に対して次のような意味をもつ.

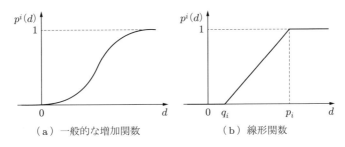

(a) 一般的な増加関数　　　　(b) 線形関数

図 4.3　PROMETHEE における選好関数

- $q_i = p_i = 0$ ならば，少しでも差異があれば強い選好がある.
- $q_i = 0, p_i > 0$ ならば，無差別の領域はなく，少しでも差異があれば，強い選好の閾値 p_i を超えるまで比例的な選好があり，それ以降は強い選好となる.
- $p_i > q_i > 0$ ならば，少し差異があっても $(0 < d \leq q_i)$ 無差別となる領域があり，無差別閾値 q_i を超えると選好閾値 p_i を超えるまで比例的な選好があり，それ以降は強い選好となる.

◆ 例 4.4　単一基準の選好度：就職先の選択

　就職先の選択問題を考える．基準として，資本金，営業利益，年収の三つを考え，代替案として，会社 1 から会社 5 $(a_1, a_2, a_3, a_4, a_5)$ の 5 社があるとする．このとき，各代替案に対して，各基準の評価値を表 4.8 に示す.

表 4.8　就職先の選択問題における評価値 $f_i(a_j)$

代替案	資本金 [億円] $f_1(a_j)$	営業利益 [億円] $f_2(a_j)$	年収 [万円] $f_3(a_j)$
a_1	1200	2500	500
a_2	15000	800	800
a_3	1000	2600	700
a_4	800	1500	1200
a_5	8000	1800	900

　表 4.8 の基準 1「資本金」に関して，評価値の差分を $d = f_1(a_j) - f_1(a_k)$ とすると，パラメータ $q_1 = 300, p_1 = 10000$ をもつ線形の選好関数は

$$
p_{jk}^1 = p^1(d) = \begin{cases} 0, & d < 300 \\ \dfrac{d - 300}{10000 - 300}, & 300 \leq d < 10000 \\ 1, & d \geq 10000 \end{cases}
$$

のように表現される．このとき，各代替案のペアに対する評価値の差分 d と単一基準の選好度 p_{jk}^1 は表 4.9 に示される.

　たとえば，「資本金」に関して，会社 1 (a_1) と会社 4 (a_4) を取り上げると，評価値の差分は

$$
d = 1200 - 800 = 400
$$

であり，選好度は

$$
p_{14}^1 = \frac{400 - 300}{10000 - 300} = 0.0103
$$

となる．p_{14}^1 は 0 に近い正数なので，「資本金」に関して会社 1 (a_1) は会社 4 (a_4) に関して弱い選好があることを示している.

表 4.9 基準 1「資本金」に関する評価値の差分 $d = f_1(a_j) - f_1(a_k)$ と
単一基準の選好度 $p^1_{jk} = p^1(d)$

(a) d

	a_1	a_2	a_3	a_4	a_5
a_1	0	−13800	200	400	−6800
a_2	13800	0	14000	14200	7000
a_3	−200	−14000	0	200	−7000
a_4	−400	−14200	−200	0	−7200
a_5	6800	−7000	7000	7200	0

(b) p^1_{jk}

	a_1	a_2	a_3	a_4	a_5
a_1	0	0	0	0.0103	0
a_2	1	0	1	1	0.6907
a_3	0	0	0	0	0
a_4	0	0	0	0	0
a_5	0.6701	0	0.6907	0.7113	0

(2) 総合選好度

各基準に対する重み w_i, $\sum_{i=1}^{n} w_i = 1$ を評価することによって,代替案 a_j, a_k 間の
総合選好度 (global preference degree)

$$\pi(a_j, a_k) = \pi_{jk} = \sum_{i=1}^{n} w_i p^i_{jk} \tag{4.8}$$

が定義される[†]. 総合選好度は次のように解釈される.

- $\pi_{jk} \approx 0 \approx \pi_{kj}$ ならば,代替案 a_j と代替案 a_k は無差別である.
- $\pi_{jk} \approx 0.5 \approx \pi_{kj}$ ならば,代替案 a_j と代替案 a_k は比較不能 (incomparable) である.
- $|\pi_{jk} - \pi_{kj}| \gg 0$ ならば,代替案 a_j と代替案 a_k との間には選好関係がある.

(3) フロー

式 (4.8) で定義した総合選好度を一対の代替案に関して集約して,代替案 a_j がほか
のすべての代替案 a_k, $k = 1, \ldots, m$, $k \neq j$ に対してどれほど好ましいかの度合いを
計算する.この度合いは**正フロー** (positive flow) または**放出フロー** (leaving flow) と
よばれ,

[†] PROMETHEE の手法では,重み w_i の決め方については特定の手法は示されていない.

$$\phi^+(a_j) = \frac{1}{m-1} \sum_{k=1}^{m} \pi_{jk}$$

と定義される．ここで，$\pi_{jj} = 0$, $j = 1, \ldots, m$ なので，$\phi^+(a_j)$ は $(m-1)$ で割って正規化されている．

また，逆の指標として，次の**負フロー** (negative flow) または流入フロー (entering flow)

$$\phi^-(a_j) = \frac{1}{m-1} \sum_{k=1}^{m} \pi_{kj}$$

が定義され，これはほかのすべての代替案 a_k, $k = 1, \ldots, m$, $k \neq j$ のほうが，代替案 a_j に比べてどれほど好ましいかの度合いを意味する．つまり，ほかのすべての代替案に対する代替案 a_j の好ましくなさを表わす．

さらに，代替案 a_j がほかのすべての代替案に対してどれほど好ましいかを示す正フローと好ましくないかを示す負フローを統合し，**正味フロー** (net flow)

$$\phi(a_j) = \phi^+(a_j) - \phi^-(a_j)$$

が定義される．正フローと負フローは 0 から 1 の間の正数であり，正味フローは -1 から 1 までの値をとる．

◆ 例 4.5　総合選好度と正，負，正味フロー：就職先の選択

引き続き，例 4.4 と同じ例を考える．

表 4.8 に示された基準として「資本金」のほかに，「営業利益」に対してパラメータ $(q_2, p_2) = (500, 1000)$，「年収」に対してパラメータ $(q_3, p_3) = (100, 500)$ をもつ線形の選好関数に従って選好度 p_{jk}^i, $i = 1, 2, 3$ を計算し，各基準に対する重みを

$$w_1 = 0.3, \qquad w_2 = 0.2, \qquad w_3 = 0.5$$

とした場合の総合選好度 π_{jk} と正，負，正味フロー $\phi^+(a_j)$, $\phi^-(a_j)$, $\phi(a_j)$ を表 4.10 に示す．また，フローに関しては図 4.4 にも示す．

たとえば，会社 1 (a_1) と会社 4 (a_4) に関して，すべての基準について重みによって加重和をとった総合選好度は $\pi_{14} = 0.2031$, $\pi_{41} = 0.5$ となり，$|\pi_{14} - \pi_{41}| = 0.2969$ となるので，会社 1 と会社 4 の間には選好関係があるといえる．また，会社 4 の正フローは $\phi^+(a_4) = 0.4263$ で最大であり，好ましいという観点では，会社 4 が他社に比べてもっとも望ましい．会社 5 の負フローは $\phi^+(a_5) = 0.1643$ で最小であり，好ましくないという観点では，会社 5 が他社に比べて，好ましくなさがもっとも小さいことになる．さらに，正フローと負フローを統合した正味フローでは，$\phi(a_4) = 0.1971$ が最大となっている．

表 4.10　総合選好度 π_{jk} と正，負，正味フロー $\phi^+(a_j)$, $\phi^-(a_j)$, $\phi(a_j)$

(a) 総合優先度

π_{jk}	a_1	a_2	a_3	a_4	a_5
a_1	0	0.2	0	0.2031	0.08
a_2	0.55	0	0.3	0.3	0.2072
a_3	0.125	0.2	0	0.2	0.12
a_4	0.5	0.455	0.5	0	0.25
a_5	0.5760	0.2	0.3322	0.2134	0

(b) 正，負，正味フロー

	$\phi^+(a_j)$	$\phi^-(a_j)$	$\phi(a_j)$
a_1	0.1208	0.4378	-0.3170
a_2	0.3393	0.2638	0.0756
a_3	0.1612	0.2831	-0.1218
a_4	0.4263	0.2291	0.1971
a_5	0.3304	0.1643	0.1661

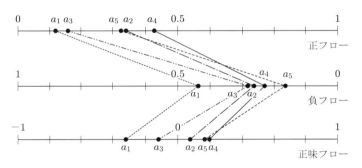

図 4.4　正，負，正味フロー $\phi^+(a_j)$, $\phi^-(a_j)$, $\phi(a_j)$

(4) PROMETHEE による順序付け

　PROMETHEE は，代替案の半順序と全順序を与える二つの順序付けがあり，それ
ぞれ PROMETHEE I と PROMETHEE II とよばれる．PROMETHEE I は，正フ
ローと負フローを用いており，三つの異なる結果がある．PROMETHEE I で半順序
の順序付けができるように，正フローに関する関係 S^+, I^+ および負フローに関する
関係 S^-, I^- を導入する．これらの関係は次のように定義される．

　・ 代替案 a_j の正フローが代替案 a_k の正フローより大きいとき

$$a_j S^+ a_k \quad \Leftrightarrow \quad \phi^+(a_j) > \phi^+(a_k)$$

　・ 代替案 a_j の正フローが代替案 a_k の正フローと同じとき

$$a_j I^+ a_k \quad \Leftrightarrow \quad \phi^+(a_j) = \phi^+(a_k)$$

- 代替案 a_j の負フローが代替案 a_k の負フローより小さいとき

$$a_j S^- a_k \quad \Leftrightarrow \quad \phi^-(a_j) < \phi^-(a_k)$$

- 代替案 a_j の負フローが代替案 a_k の負フローと同じとき

$$a_j I^- a_k \quad \Leftrightarrow \quad \phi^-(a_j) = \phi^-(a_k)$$

関係 S^+, I^+, S^-, I^- を用いて，PROMETHEE I の半順序の順序付けが次のように定義される．

- $a_j P a_k$ は，「代替案 a_j は代替案 a_k より選好される」ことを意味し，次の条件を満たすとき，$a_j P a_k$ となる．

$$a_j P a_k \quad \Leftrightarrow \quad (a_j S^+ a_k \text{ かつ } a_j S^- a_k) \text{ または } (a_j S^+ a_k \text{ かつ } a_j I^- a_k)$$
$$\text{または } (a_j I^+ a_k \text{ かつ } a_j S^- a_k)$$

- $a_j I a_k$ は，「代替案 a_j は代替案 a_k と無差別である」ことを意味し，次の条件を満たすとき，$a_j I a_k$ となる．

$$a_j I a_k \quad \Leftrightarrow \quad (a_j I^+ a_k \text{ かつ } a_j I^- a_k)$$

- $a_j J a_k$ は，「代替案 a_j は代替案 a_k と比較不能 (incomparable) である」ことを意味し，次の条件を満たすとき，$a_j J a_k$ となる．

$$a_j J a_k \quad \Leftrightarrow \quad (a_j S^+ a_k \text{ かつ } a_k S^- a_j) \text{ または } (a_k S^+ a_j \text{ かつ } a_j S^- a_k)$$

$a_j P a_k$ は，「正フローに関して a_j が a_k より大きくて，負フローは a_j が a_k より小さい」か，「正フローは a_j が a_k より大きくて，負フローが同じである」か，「正フローが同じで，負フローは a_j が a_k より小さい」ことを示す．

$a_j I a_k$ は，「正負両方のフローに関して a_j と a_k が同じである」ことを示す．

$a_j J a_k$ は，「正負両方のフローに関して a_j が a_k より大きい」か，「正負両方のフローに関して a_j が a_k より小さい」ことを示す．

一方，PROMETHEE II は，正味フローを用いて全順序（完全な順序付け）を与える．

◆ 例 4.6　PROMETHEE による順序付け：就職先の選択

例 4.4, 4.5 に示した就職先の選択問題に関して，表 4.10 および図 4.4 から，PROMETHEE I の観点から次のような関係が導かれる．

- 代替案 a_1 はほかの代替案より選好されることはない．

- 代替案 a_2 は a_1 と a_3 より選好され,a_5 とは比較不能である.
- 代替案 a_3 は a_1 より選好される.
- 代替案 a_4 は a_1, a_2, a_3 より選好され,a_5 とは比較不能である.
- 代替案 a_5 は a_1 と a_3 より選好され,a_2 と a_4 とは比較不能である.

同様に,表 4.10 および図 4.4 から,PROMETHEE II の全順序による順序付けは次のようになる.

代替案 a_4 が最上位に順位付けされ,それ以降は a_5, a_2, a_3, a_1 の順に順位付けされる.

4.2.2 ♦ ガイア平面

ガイア平面 (Gaia plane) は,単一基準の正味フローに対する主成分分析 (principal components analysis) に基づいた,多基準意思決定問題の 2 次元平面での視覚的表現を与える.すなわち,n 種類の基準に関する各代替案の正味フローをもとに,主成分分析を適用することによって,n 種類の基準を 2 種類の合成基準に縮約し,2 次元平面で問題の構造を表現する.

前項では,すべての基準を考慮した正味フローを定義したが,ここでは単一基準の正味フローを最初に定義する.単一基準の選好度 p^i_{jk} は,基準 i に関する代替案 a_j の代替案 a_k に対する好ましさの度合いを選好関数 p^i に基づいて計算した値である.基準 i に対する代替案 a_j の正フローは

$$\phi^+_i(a_j) = \frac{1}{m-1} \sum_{k=1}^{m} p^i_{jk} \tag{4.9}$$

として定義され,基準 i に関して代替案 a_j がほかのすべての代替案 a_k, $k=1\ldots,m$, $k \neq j$ に対してどれほど好ましいかの度合いを表している.同様に,基準 i に対する代替案 a_j の負フローは

$$\phi^-_i(a_j) = \frac{1}{m-1} \sum_{k=1}^{m} p^i_{kj} \tag{4.10}$$

である.基準 i に対する代替案 a_j の正フロー $\phi^+_i(a_j)$ と負フロー $\phi^-_i(a_j)$ を用いて,基準 i に対する代替案 a_j の正味フローは

$$\phi_i(a_j) = \phi^+_i(a_j) - \phi^-_i(a_j) = \frac{1}{m-1} \sum_{k=1}^{m} (p^i_{jk} - p^i_{kj}) \tag{4.11}$$

と定義される.単一基準の正味フローは,すべての基準を統合した総合正味フローと同様に -1 から 1 の間の数値をとり,基準の加重和をとれば,総合正味フローとなる.

また，すべての代替案に関して和をとれば 0 となる．すなわち，

$$-1 \le \phi_i(a_j) \le 1, \qquad \phi(a_j) = \sum_{i=1}^{n} w_i \phi_i(a_j), \qquad \sum_{j=1}^{m} \phi_i(a_j) = 0$$

である．

各基準の正味フロー $\phi_i(a_j)$，$i = 1, \ldots, n$ を列ベクトルにした行列

$$\Phi = \begin{bmatrix} \phi_1(a_1) & \phi_2(a_1) & \cdots & \phi_n(a_1) \\ \phi_1(a_2) & \phi_2(a_2) & \cdots & \phi_n(a_2) \\ \vdots & \vdots & & \vdots \\ \phi_1(a_m) & \phi_2(a_m) & \cdots & \phi_n(a_m) \end{bmatrix} = \begin{pmatrix} \boldsymbol{\alpha}_1 \\ \boldsymbol{\alpha}_2 \\ \vdots \\ \boldsymbol{\alpha}_m \end{pmatrix} \tag{4.12}$$

を定義する．したがって，代替案 a_j は行列 Φ の j 番目の行ベクトル $\boldsymbol{\alpha}_j$ で特徴付けられる．

u_i，$i = 1, \ldots, n$ をパラメータとした合成基準を

$$z = u_1 \phi_1 + \cdots + u_n \phi_n \tag{4.13}$$

としたとき，z 軸上にできるだけ n 次元の情報を表現するために，z の分散を最大化させる．この問題は，$\boldsymbol{u}$ を決定変数として

$$\begin{cases} \text{maximize} & \boldsymbol{u}^T C \boldsymbol{u} \\ \text{subject to} & \boldsymbol{u}^T \boldsymbol{u} = 1 \end{cases} \tag{4.14}$$

のように定式化される．ここで，$C = \Phi^T \Phi$ であり，T は転置を表す．このとき，

$$C = \Phi^T \Phi$$
$$= \begin{bmatrix} \sum_{j=1}^{m} \{\phi_1(a_j)\}^2 & \sum_{j=1}^{m} \phi_1(a_j)\phi_2(a_j) & \cdots & \sum_{j=1}^{m} \phi_1(a_j)\phi_n(a_j) \\ \sum_{j=1}^{m} \phi_2(a_j)\phi_1(a_j) & \sum_{j=1}^{m} \{\phi_2(a_j)\}^2 & \cdots & \sum_{j=1}^{m} \phi_2(a_j)\phi_n(a_j) \\ \vdots & \vdots & & \vdots \\ \sum_{j=1}^{m} \phi_n(a_j)\phi_1(a_j) & \sum_{j=1}^{m} \phi_n(a_j)\phi_2(a_j) & \cdots & \sum_{j=1}^{m} \{\phi_n(a_j)\}^2 \end{bmatrix} \tag{4.15}$$

なので，C/n が ϕ_i の分散共分散行列であることがわかる．上記の最大化問題の最適性の条件を導出するために，Lagrangian 関数を定式化すると，

$$L(\boldsymbol{u}, \lambda) = \boldsymbol{u}^T C \boldsymbol{u} - \lambda(\boldsymbol{u}^T \boldsymbol{u} - 1) \tag{4.16}$$

となる．このとき，最適解は

$$C\boldsymbol{u} = \lambda \boldsymbol{u} \tag{4.17}$$

$$\boldsymbol{u}^T \boldsymbol{u} = 1 \tag{4.18}$$

を満たす. C/n は分散共分散行列であり, C は対称で正定であるので, その固有値 λ は非負実数値である. λ_1 を最大の固有値とすると, $\boldsymbol{u}$ は対応する固有ベクトルとなる. さらに, 2 番目に大きい固有値 λ_2 と対応する固有ベクトル $\boldsymbol{v}$ は直交するので, $(\boldsymbol{u}, \boldsymbol{v})$ で定められる平面は n 次元の基準値を表現する最良の平面であり, ガイア平面とよばれる.

このような考えに基づいて, もとの n 次元の情報がガイア平面に投影されるが, 保存された情報の割合は

$$\delta = \frac{\lambda_1 + \lambda_2}{\displaystyle\sum_{i=1}^{n} \lambda_i}$$

で表現される. つまり, 合計 $\sum_{i=1}^{n} \lambda_i$ に対して λ_1 と λ_2 の和の割合 δ が大きければ, 問題の構造がガイア平面で表現される割合が大きいことを示す.

代替案 a_j は, n 次元では $\boldsymbol{\alpha}_j = (\phi_1(a_j), \ldots, \phi_n(a_j))$ で特徴付けられたが, 2 次元のガイア平面では, $\boldsymbol{\alpha}_j$ の $(\boldsymbol{u}, \boldsymbol{v})$ 平面への投影

$$(\boldsymbol{\alpha}_j^T \boldsymbol{u}, \boldsymbol{\alpha}_j^T \boldsymbol{v}) = \left(\sum_{i=1}^{n} \phi_i(a_j) u_i, \sum_{i=1}^{n} \phi_i(a_j) v_i \right) \tag{4.19}$$

として代替案 a_j が特徴付けられる.

また, 基準 i は, n 次元では

$$e_k^i = \begin{cases} 1, & k = i \\ 0, & \text{その他} \end{cases}$$

を満たす n 次元ベクトル $\boldsymbol{e}^i = (e_1^i, \ldots, e_n^i)$ で特徴付けられる. したがって, $\boldsymbol{e}^i$ の 2 次元のガイア平面 $(\boldsymbol{u}, \boldsymbol{v})$ への投影は

$$(\boldsymbol{e}^{iT} \boldsymbol{u}, \boldsymbol{e}^{iT} \boldsymbol{v}) = (u_i, v_i) \tag{4.20}$$

となり, これが基準 i を特徴付けることになる.

さらに, 基準に対する重み $\boldsymbol{w} = (w_1, \ldots, w_n)$ が与えられたとき,

$$\boldsymbol{d} = (\boldsymbol{wu}, \boldsymbol{wv}) = \left(\sum_{i=1}^{n} w_i u_i, \sum_{i=1}^{n} w_i v_i \right) \tag{4.21}$$

は PROMETHEE II の決定軸 (decision axis) とよばれ, 意思決定者の総合された基準を特徴付ける.

◆ 例 4.7 ガイア平面：就職先の選択

就職先の選択問題に対して，例 4.4 および例 4.5 で計算した選好度 p_{jk}^i を用いて，代替案 a_j, $j = 1, \ldots, 5$ の各基準に対する正味フロー $\phi_i(a_j)$, $i = 1, 2, 3$ を列ベクトルとした行列は

$$\Phi = \begin{bmatrix} -0.41495 & 0.60000 & -0.62500 \\ 0.92268 & -0.85000 & -0.06250 \\ -0.42268 & 0.65000 & -0.25000 \\ -0.43041 & -0.40000 & 0.81250 \\ 0.34536 & 0.00000 & 0.12500 \end{bmatrix}$$

となる．$Cu = \lambda u$, $u^T u = 1$ を満たす最大の固有値および 2 番目に大きい固有値とそれぞれに対応する固有ベクトルは

$$\lambda_1 = 2.933538585, \quad u = \begin{pmatrix} -0.587610400 \\ 0.737923592 \\ -0.331937931 \end{pmatrix}$$

$$\lambda_2 = 1.264537327, \quad v = \begin{pmatrix} -0.605155625 \\ -0.128470015 \\ 0.785673040 \end{pmatrix}$$

と計算できる．このとき，保存された情報の割合は $\delta = (\lambda_1 + \lambda_2) / \sum_{i=1}^{3} \lambda_i = 0.975271214$ であり，就職先の選択問題は 3 基準であったこともあり，2 次元で 97.5%の情報が表現できたことがわかる．図 4.5 には，代替案を特徴付けるベクトル $\boldsymbol{\alpha}_j$, $j = 1, \ldots, 5$ がガイア平面へ投影された点は，a_j, $j = 1, \ldots, 5$ で示される．さらに，基準 i, $i = 1, 2, 3$ は矢印付きの四角形の点 f_i, $i = 1, 2, 3$ で表され，PROMETHEE II の決定軸 d は矢印付の星印の点 d で示される．なお，各基準間の重み w は例 4.5 に示した値を用いている．

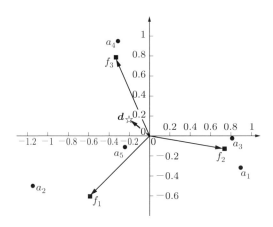

図 4.5 ガイア平面

　ガイア平面における代替案の位置の近さは，それらの間の類似性を示している．図 4.5 からわかるように，a_1 と a_3 の位置は相対的に近く，類似性が高い．一方，a_1 と a_2 は離れて位置し，類似性が低いことがわかる．

　基準 i の点 f_i の位置は基準間の相関を表している．この例では三つの基準はそれぞれ異なる方向にあるので，基準間の相関はほとんどないことがわかる．各基準は矢印で示しており，二つの基準を示す矢印の間の角度が大きいと，競合の程度が大きいことを示している．また，矢印の長さはその基準がどれくらい各代替案を差別化できるかを示し，長いほど代替案ごとの評価値のばらつきが大きく，短ければ各代替案の評価値が似通っている．

　この例では，意思決定者の総合された基準を特徴付ける決定軸 $\boldsymbol{d}$ は，基準の点 f_3 と f_1 の間に位置している．

4.3　ELECTRE III

　ELECTRE は PROMETHEE と同様に一対比較に基づいた順序付け手法で，Elimination Et Choix Traduisant la Realité (elimination and choice expressing reality) から名付けられ，1960 年代から開発が続けられている (Roy, 1991)．ELECTRE はいくつかの手法の集合体であるが，本書では多くの適用研究に利用されている順序付け手法である，ELECTRE III の概要を示す．

4.3.1 ♦ 信頼度

　ELECTRE III では，アウトランキング関係 (outranking relation) を用いる．アウトランキング関係とは，代替案 a_j は少なくとも代替案 a_k と同じくらいよいといえる論拠があり，これに反論する理由がないならば，

　「代替案 a_j は代替案 a_k よりも優れている」(a_j outranks a_k)

と表現するような a_j と a_k の関係である．この関係の**信頼度**は $S(a_j, a_k) \in [0, 1]$ で表現され，この指数が 1 に近ければ近いほど強い主張となる．

　最初に，各代替案の各基準に対する評価値をまとめた表を作成するが，これは評価表 (performance table) とよばれる．代替案 a_j の基準 i に対する評価値を $f_i(a_j)$ と表す．前節の例 4.4 で取り上げた就職先の選択問題を考えれば，表 4.11 のように表せる．この表は，PROMETHEE での評価値を示した表 4.8 と同じものである．

　「代替案 a_j は代替案 a_k よりも優れている」という仮説の信頼度 $S(a_j, a_k)$ は，以下の手順に従って計算される．

表 4.11　評価表 $f_i(a_j)$

代替案	基準 1 (資本金 [億円])	基準 2 (営業利益 [億円])	基準 3 (年収 [万円])
a_1	1200	2500	500
a_2	15000	800	800
a_3	1000	2600	700
a_4	800	1500	1200
a_5	8000	1800	900

Step 1　基準ごとの合致度 (concordance degree) $c_i(a_j, a_k)$ および非合致度 (discordance degree) $d_i(a_j, a_k)$ を計算する.

Step 2　総合合致度 $C(a_j, a_k)$ を計算する.

Step 3　総合合致度と非合致度を用いて信頼度 $S(a_j, a_k)$ を計算する.

　基準ごとの合致度,すなわち個別合致度 $c_i(a_j, a_k)$ は,意思決定者が命題「基準 i に関して,代替案 a_j は代替案 a_k よりも優れている」が真である度合いを示しており,$f_i(a_j)$ を代替案 a_j の基準 i に対する評価値とすると,次の関数で表現される.

$$c_i(a_j, a_k) = \begin{cases} 0, & f_i(a_j) + p_i < f_i(a_k) \\ \dfrac{f_i(a_j) + p_i - f_i(a_k)}{p_i - q_i}, & f_i(a_j) + q_i < f_i(a_k) \le f_i(a_j) + p_i \quad (4.22) \\ 1, & f_i(a_k) \le f_i(a_j) + q_i \end{cases}$$

　関数 $c_i(a_j, a_k)$ は,図 4.6 のような線形の減少関数である.この関数のパラメータは q_i と p_i であり,q_i は無差別閾値 (indifference threshold),p_i は選好閾値 (preference threshold) とよばれる.個別合致度 $c_i(a_j, a_k)$ は「基準 i に関して,a_j が a_k よりも優れている」が真である度合いなので,$f_i(a_j) \ge f_i(a_k)$ ならば,明らかに $c_i(a_j, a_k) = 1$ であるが,仮に $f_i(a_j)$ が $f_i(a_k)$ よりも小さくなっても,その差が q_i までならば,意思決定者は「a_j が a_k よりも優れている」と判断することを意味している.$f_i(a_j)$ が $f_i(a_k)$ よりも小さく,その差が q_i を超えると徐々に個別合致度 $c_i(a_j, a_k)$ は減少し,

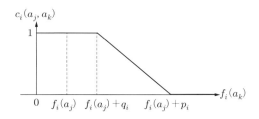

図 4.6　個別合致度関数 $c_i(a_j, a_k)$

その差が p_i を超えると完全に「a_j が a_k よりも優れている」という命題は偽であることを意味している.

　個別非合致度 $d_i(a_j, a_k)$ は,意思決定者が命題「基準 i に関して,代替案 a_j は代替案 a_k よりも優れている」が偽である度合いを示しており,次の関数で表現される.

$$d_i(a_j, a_k) = \begin{cases} 1, & f_i(a_j) + v_i < f_i(a_k) \\ \dfrac{-f_i(a_j) - p_i + f_i(a_k)}{v_i - p_i}, & f_i(a_j) + p_i < f_i(a_k) \le f_i(a_j) + v_i \\ 0, & f_i(a_k) \le f_i(a_j) + p_i \end{cases}$$

$$(4.23)$$

　この関数 $d_i(a_j, a_k)$ のパラメータ v_i は,拒否権閾値 (veto threshold) とよばれる.個別非合致度 $d_i(a_j, a_k)$ は「基準 i に関して,a_j が a_k よりも優れている」という主張を拒否する度合いを示す.図4.7に示すように,無差別閾値 p_i を考慮して $f_i(a_k) < f_i(a_j) + p_i$ ならば,「a_j が a_k よりも優れている」の主張を拒否する理由がないので,$d_i(a_j, a_k) = 0$ となる.$f_i(a_j)$ が $f_i(a_k)$ よりも小さく,その差が p_i を超えると徐々に個別非合致度 $d_i(a_j, a_k)$ は増加し,その差が v_i を超えると「基準 i に関して,a_j が a_k よりも優れている」という仮説を完全に拒否することを意味している.

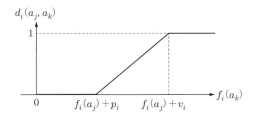

図 4.7 個別非合致度関数 $d_i(a_j, a_k)$

　総合合致度 $C(a_j, a_k)$ は,すべての基準を考慮した合致度であり,「すべての基準を考慮して,a_j が a_k よりも優れている」が真である度合いを表している.各基準の重み $(w_1, \ldots, w_n)$ が

$$w_i \ge 0, \quad i = 1, \ldots, n, \qquad \sum_{i=1}^{n} w_i = 1$$

を満たすとき,総合合致度 (global concordance degree) $C(a_j, a_k)$ は

$$C(a_j, a_k) = \sum_{i=1}^{n} w_i c_i(a_j, a_k) \qquad (4.24)$$

で定義される.

「a_j が a_k よりも優れている」という仮説の信頼度 $S(a_j, a_k)$ は,総合合致度 $C(a_j, a_k)$ と個別非合致度 $d_i(a_j, a_k)$ を用いて次のように定義される.

$$S(a_j, a_k) = \begin{cases} C(a_j, a_k), & d_i(a_j, a_k) \leq C(a_j, a_k), \ i = 1, \ldots, n \\ C(a_j, a_k) \displaystyle\prod_{i \in V(a_j, a_k)} \frac{1 - d_i(a_j, a_k)}{1 - C(a_j, a_k)}, & \text{その他} \end{cases} \quad (4.25)$$

ここで,$V(a_j, a_k)$ は $d_i(a_j, a_k) > C(a_j, a_k)$ となる基準 i の集合である.この定義により,総合合致度 $C(a_j, a_k)$ がすべての基準における個別非合致度 $d_i(a_j, a_k)$ より大きいならば,信頼度 $S(a_j, a_k)$ は総合合致度 $C(a_j, a_k)$ に等しい.そうでないとき,信頼度 $S(a_j, a_k)$ は非合致度の大きさに比例して割り引かれる.とくに,ある個別非合致度が $d_i(a_j, a_k) = 1$ ならば,拒否権により,信頼度は $S(a_j, a_k) = 0$ になる.$d_i(a_j, a_k) > C(a_j, a_k)$ のとき,$d_i(a_j, a_k)$ と $C(a_j, a_k)$ の差が大きいほど割引率は大きくなる.

◆ 例 4.8　ELECTRE の信頼度：就職先の選択

就職先の選択問題に対して,信頼度 $S(a_j, a_k)$ を計算する.

個別合致度関数 $c_i(a_j, a_k)$ および個別非合致度関数 $d_i(a_j, a_k)$ のパラメータ q_i, p_i, v_i と各基準に関する重み w_i を表 4.12 に示す.表 4.11 に示した評価値 $f_i(a_j)$ と表 4.12 に示したパラメータを用いて,個別合致度 $c_i(a_j, a_k)$ および個別非合致度 $d_i(a_j, a_k)$ を計算した後,信頼度 $S(a_j, a_k)$ を計算すると,表 4.13 が得られる.

たとえば,信頼度 $S(a_1, a_2)$ の計算は次のようになされる.個別合致度は

表 4.12　閾値と重み

パラメータ	基準 1 (資本金 [億円])	基準 2 (営業利益 [億円])	基準 3 (年収 [万円])
無差別 q_i	5000	500	0
選好 p_i	20000	1500	50
拒否権 v_i	50000	3000	500
重み w_i	0.3	0.2	0.5

表 4.13　信頼度行列 $S(a_j, a_k)$

	a_1	a_2	a_3	a_4	a_5
a_1	1	0.213	0.5	0	0.1924
a_2	0.8	1	0.8	0.1893	0.4
a_3	1	0.32	1	0	0.46
a_4	0.9	0.816	0.88	1	0.956
a_5	0.96	0.96	0.94	0.4444	1

$$c_1(a_1, a_2) = \frac{f_1(a_1) + p_1 - f_1(a_2)}{p_1 - q_1} = \frac{1200 + 20000 - 15000}{20000 - 5000} = 0.413$$

$$c_2(a_1, a_2) = 1, \qquad c_3(a_1, a_2) = 0$$

となり，重みを考慮して，総合合致度は

$$C(a_1, a_2) = w_1 c_1(a_1, a_2) + w_2 c_2(a_1, a_2) + w_3 c_3(a_1, a_2)$$

$$= 0.3 \times 0.413 + 0.2 \times 1 + 0.5 \times 0 = 0.324$$

である．一方，個別非合致度は

$$d_1(a_1, a_2) = 0, \qquad d_2(a_1, a_2) = 0, \qquad d_3(a_1, a_2) = 0.556$$

となり，$d_3(a_1, a_2) > C(a_1, a_2)$ となるので，信頼度は次のように計算できる．

$$S(a_1, a_2) = C(a_1, a_2) \frac{1 - d_3(a_1, a_2)}{1 - C(a_1, a_2)} = 0.324 \times \frac{1 - 0.556}{1 - 0.324} = 0.213$$

命題「a_1 が a_2 よりも優れている」が真である度合い $C(a_1, a_2)$ は 0.324 であるが，基準3 に関して「a_1 が a_2 よりも優れている」を拒否する度合い $d_3(a_1, a_2)$ が 0.556 と大きくなっていることから，信頼度 $S(a_1, a_2)$ は，$C(a_1, a_2)$ から割り引かれて，0.213 となっている．

4.3.2 ◆ 抽出手順

最終的に，ELECTRE III は降順抽出 (descending distillation) および昇順抽出 (ascending distillation) とよばれる手順から得られる二つの順序付けをもとに，比較不能を含む代替案の最終的な順序付け（半順序）を与える．そのために，信頼度を用いて次のような選好関係を定義する．

「a_j が a_k よりも優れている」の信頼度 $S(a_j, a_k)$ が閾値 λ_2 より大きく，逆の「a_k が a_j よりも優れている」の信頼度 $S(a_k, a_j)$ よりも有意に大きいならば，「代替案 a_j は代替案 a_k より好ましい」といい，$a_j \succ a_k$ と表す．

この定義で用いる閾値 λ_2 は，次のように決定される．A を代替案の集合とすると，最大の信頼度

$$\lambda_0 = \max_{a_j, a_k \in A} S(a_j, a_k)$$

からカットオフ水準 λ_1 を

$$\lambda_1 = \lambda_0 - s(\lambda_0)$$

のように決定する．ここで，$s(\lambda_0)$ は区別閾値 (discrimination threshold) とよばれ，

$$s(\lambda_0) = \alpha + \beta\lambda_0$$

と定義され，有意な差異があるかどうかを判定するために用いられる．ここで，α, β はパラメータで，ELECTRE 手法で推奨される値は，$\alpha = -0.15$，$\beta = 0.3$ である．さらに，カットオフ水準 λ_1 を考慮した最大の信頼度を閾値 λ_2 として，次のように定める．

$$\lambda_2 = \max_{S(a_j,a_k) \leq \lambda_1} S(a_j, a_k)$$

これらの閾値パラメータを用いれば，上記の選好関係は次のように表現される．

$$a_j \succ a_k \quad \Leftrightarrow \quad S(a_j, a_k) > \lambda_2 \text{ かつ } S(a_j, a_k) - S(a_k, a_j) > s(\lambda_0) \quad (4.26)$$

ここで，二つ目の条件 $S(a_j, a_k) - S(a_k, a_j) > s(\lambda_0)$ は，「a_j が a_k よりも優れている」を示す指標が「a_k が a_j よりも優れている」を示す指標よりも有意に大きいことを表している．

◆ 例 4.9　信頼度による選好関係の導出：就職先の選択

就職先の選択問題に対して，ELECTRE III でのパラメータ α, β の値を $\alpha = -0.15$，$\beta = 0.3$ と設定すると，

$$\lambda_0 = 1, \qquad s(\lambda_0) = 0.15, \qquad \lambda_1 = 0.85, \qquad \lambda_2 = 0.816$$

となる．λ_0 に関しては，最大の信頼度なので，$S(a_3, a_1) = 1$ より，$\lambda_0 = 1$ となる．区別閾値 $s(\lambda_0)$ は，$s(\lambda_0) = -0.15 + 0.3\lambda_0 = 0.15$ となる．したがってここでは，信頼度の差が 0.15 を超えると，有意な差があると判定される．$\lambda_1 = \lambda_0 - s(\lambda_0) = 1 - 0.15 = 0.85$ であり，この値が十分大きな信頼度をみつける基準とされる．$\lambda_2 = \max_{S(a_j,a_k) \leq \lambda_1} S(a_j, a_k) = S(a_4, a_2) = 0.816$ となり，0.85 を超えない信頼度の中で最大の信頼度は $S(a_4, a_2) = 0.816$ であることを示している．

就職先の選択問題に対して，上記のパラメータを用いて選好関係を調べると，表 4.14 のようになる．表中の ij 要素の "$\succ$" は $a_i \succ a_j$ を意味し，"–" はそのような関係がないことを意味する．

表 4.14 から，たとえば $a_3 \succ a_1$ であることがわかるが，上述の 2 条件 (4.26) は次のように満たされている．

表 4.14　選好行列

	a_1	a_2	a_3	a_4	a_5
a_1	–	–	–	–	–
a_2	–	–	–	–	–
a_3	$\succ$	–	–	–	–
a_4	$\succ$	–	$\succ$	–	$\succ$
a_5	$\succ$	$\succ$	$\succ$	–	–

$$S(a_3, a_1) = 1 > \lambda_2 = 0.816$$
$$S(a_3, a_1) - S(a_1, a_3) = 1 - 0.5 = 0.5 > s(\lambda_0) = 0.15$$

代替案を順序付けするために，上記の選好関係 $\succ$ を用いて，代替案ごとのスコアが計算される．すなわち，$a_j \succ a_k$ ならば，代替案 a_j のスコアを 1 増やす．逆に，$a_l \succ a_j$ ならば，代替案 a_j のスコアを 1 減らす．すべてのペアに対してこの操作を行うことで，各代替案にスコアが計算される．

降順抽出では，

① 代替案の集合から最大のスコアをもつ代替案を選択する

② 代替案の集合から選択した代替案を除く

③ 残された代替案の集合から最大のスコアをもつ代替案を選択する

という手順で代替案を順序付ける．この操作を繰り返すことによって，降順抽出による順序付け O_1 が生成される．

昇順抽出は降順抽出の逆で，

① 最小のスコアをもつ代替案を選択する

② 代替案の集合から選択した代替案を除く

③ 残された代替案の集合から最小のスコアをもつ代替案を選択する

という手順で代替案を順序付ける．この操作を繰り返すことによって，昇順抽出による順序付け O_2 が生成される．

順序付け O_1 と O_2 は必ずしも一致せず，O_1 と O_2 を用いて最終的な順序付けが行われる．

◆ **例 4.10　降順抽出および昇順抽出：就職先の選択**

就職先の選択問題に対して，降順抽出および昇順抽出を行うと，それぞれ表 4.15 と表 4.16 に示すような抽出過程が得られる．

降順抽出の 1 回目では，たとえば a_1 のスコアは，$a_1 \succ a_j$ となるような a_j がないので，まず，代替案 a_1 のスコアを 0 とし，次に $a_j \succ a_1$ となるような a_j は a_3, a_4, a_5 なので，代替案 a_1 のスコアは 0 から 3 減少し，-3 となる．1 回目で最大のスコアは a_4 の 3 であ

表 4.15　降順抽出

	1 回目	2 回目	3 回目	4 回目
a_1	-3	-2	-1	0
a_2	-1	-1	0	0
a_3	-1	0	**1**	–
a_4	**3**	–	–	–
a_5	2	**3**	–	–

表 4.16　昇順抽出

	1 回目	2 回目	3 回目	4 回目	5 回目
a_1	-3	–	–	–	–
a_2	-1	-1	-1	–	–
a_3	-1	-2	–	–	–
a_4	3	2	1	1	0
a_5	2	1	0	-1	–

るので，代替案の集合から a_4 が除かれる．2 回目の代替案の集合は a_1, a_2, a_3, a_5 であり，同様に a_1 のスコアは，$a_1 \succ a_j$ となるような a_j がないので，まず代替案 a_1 のスコアを 0 とし，次に $a_j \succ a_1$ となるような a_j は a_3, a_5 なので，代替案 a_1 のスコアは 0 から 2 減少し，-2 となる．2 回目で最大のスコアは a_5 の 3 であるので，代替案の集合から a_5 が除かれる．同様の操作が続き，4 回目で手順は終了し，次のような順序付け O_1 が得られる．

順位 1：a_4，　順位 2：a_5，　順位 3：a_3，　順位 4：a_1, a_2

昇順抽出も同様の手続きが実行されるが，最小のスコアをもつ代替案が除かれる点だけが異なり，操作は 5 回で手順は終了し，次のような順序付け O_2 が得られる．

順位 1：a_4，　順位 2：a_5，　順位 3：a_2，　順位 4：a_3，　順位 5：a_1

順序付け O_1 と O_2 を用いれば，代替案 a_j と a_k の関係には次の四つの可能性がある．

- $a_j P^+ a_k$（**選好**）：両方の抽出で a_j は a_k より高い順位が付けられている，または一方の抽出で a_j は a_k より高く順位付けされ，他方の抽出で同じ順位になる．
- $a_j R a_k$（**比較不能**）：一方の抽出で a_j は a_k より高く順位付けされ，他方の抽出で逆に a_k が a_j より高く順位付けされる．
- $a_j I a_k$（**無差別**）：両方の抽出で a_j と a_k は同じ順位になる．
- $a_j P^- a_k$（**逆選好**）：両方の抽出で a_j は a_k より低く順位付けされる，または一方の抽出で a_j は a_k より低く順位付けされ，他方の抽出で同じ順位になる．

ELECTRE III の最終順序付け O は，選好関係 P^+ の数で順序付けされ，同じ数の場合は比較不能の関係か無差別の関係となる．

◆ 例 4.11　最終順序付け：就職先の選択

就職先の選択問題における二つの代替案の関係を示す順序付け行列は，表 4.17 に示すとおりである．たとえば，a_1 と a_2 の関係については，順序付け O_1 では a_1 と a_2 は同じ順位であり，順序付け O_2 では a_1 は a_2 より低い順位が付けられているので，$a_1 P^- a_2$ の関係が得られる．

さらに，降順抽出に基づく順序付け O_1 および昇順抽出に基づく順序付け O_2 とともに ELECTRE III の最終順序付け O を表 4.18 に示す．

表 4.18 に示されるとおり，ELECTRE III の最終順序付け O によると，就職先の選択

表 4.17 順序付け行列

	a_1	a_2	a_3	a_4	a_5	P^+ の数
a_1	–	P^-	P^-	P^-	P^-	0
a_2	P^+	–	R	P^-	P^-	1
a_3	P^+	R	–	P^-	P^-	1
a_4	P^+	P^+	P^+	–	P^+	4
a_5	P^+	P^+	P^+	P^-	–	3

表 4.18 ELECTRE III における順序付け

	順序付け O_1 （降順抽出）	順序付け O_2 （昇順抽出）	最終順序付け O
順位 1	a_4	a_4	a_4
順位 2	a_5	a_5	a_5
順位 3	a_3	a_2	$\{a_2, a_3\}$
順位 4	$\{a_1, a_2\}$	a_3	a_1
順位 5		a_1	

※最終順序付け O での $\{a_2, a_3\}$ は比較不能.

問題に対しては，代替案 a_4 が最上位順位で，次に a_5 となり，3 番目の順位には a_2，a_3 が比較不能として同じ順位に入る．最後に，a_1 が順位付けされる．

4.4 MACBETH

MACBETH は Bana e Costa ら (2003) によって開発された多基準意思決定手法であり，M-MACBETH とよばれるソフトウェアを用いて利用され，試行錯誤的にモデルが構築される．MACBETH という名称は Measuring Attractiveness by a Categorical Based Evaluation Technique から名付けられており，加法型価値関数に基づいた手法である．この手法では，価値の差異についての質的な判断を意思決定者から引き出すことを特徴としており，次のような手順で分析が進められる．

① 価値基準の構造化
② 基準の数量化   ⎫
③ 各基準に対する代替案のスコア計算 ⎬ 価値基準の構成
                                  ⎭
④ 単一属性価値関数の生成
⑤ 基準の重みづけ   ⎫ 価値関数の構築
⑥ 感度分析   ⎭

MACBETH では，二つの要素（結果，代替案）を比較するために，意思決定者に

魅力（選好）の差異 (difference in attractiveness) に関する質問をする．二つの要素 x と y について考える．$x \succ y$ のとき（x が y よりも好ましいとき），さらにこの選好の度合いを意思決定者から聞き出す．選好の度合いは

- 非常に弱い (very weak)
- 弱い (weak)
- 中ぐらい (moderate)
- 強い (strong)
- 非常に強い (very strong)
- 極端 (extreme)

で示される．これらから一つを選択することが困難な場合，いくつかの連続する区分を選択することも可能である．MACBETH は，このような選好の度合いの選択を通じた分類的アプローチをとっている．

基礎 MACBETH 尺度とよばれる価値関数 v は，$x \succ y$ であれば，

$$v(x) > v(y) \tag{4.27}$$

を満たし，$x \sim y$ であれば，

$$v(x) = v(y) \tag{4.28}$$

を満たす．さらに，たとえば $x \succ y$ の度合いが「強い (strong)」で，$z \succ w$ の度合いが「弱い (weak)」であれば，

$$v(x) - v(y) > v(z) - v(w) \tag{4.29}$$

を満たす．このような基礎 MACBETH 尺度 v は，次の数理計画問題を解くことによって得られる．

$$\begin{aligned}
\text{minimize} \quad & v(x^+) \\
\text{subject to} \quad & v(x) \geq v(y) + 1, \quad \text{if } x \succ y \\
& v(x) = v(y), \quad \text{if } x \sim y \\
& v(x) - v(y) \geq v(z) - v(w) + 1 + \delta(x, y, z, w), \\
& \qquad \text{if } x \succ y, \ z \succ w, \ (x \rightarrow y) \succ (z \rightarrow w) \\
& v(x^-) = 0
\end{aligned}$$

ここで，$(x \rightarrow y) \succ (z \rightarrow w)$ は，x と y の選好の差異は z と w の選好の差異より大きいことを示す．$\delta(x, y, z, w)$ は，x と y の選好の差異と z と w の選好の差異の間の

選好の差異の区分の最小値である．この最小値は，区分「非常に弱い」，「弱い」，「中ぐらい」，「強い」，「非常に強い」，「極端」に従って与えられる．また，x^+ はもっとも選好される代替案であり，x^- はもっとも選好されない代替案である．

この問題を解いて得られた各代替案に対する基礎 MACBETH 尺度 v は，0 から 100 に正規化される．すなわち，$v(x^+) = 100, v(x^-) = 0$ となるように変換される．MACBETH はこの尺度を利用して代替案を評価する．つまり，この問題は，後述するように，価値関数の構築や基準の重みを計算するときに利用される．

4.4.1 ◆ 価値基準の構成

(1) 価値基準の構造化

MACBETH では，価値の木 (value tree) とよばれる形式で価値基準[†]が構造化される．図 4.8 に示すように，一般に価値基準は枝の最後に現れるが，途中に価値基準を表してもよい．その場合，価値基準の下の階層には，その価値基準を評価するための情報を与えることになる．

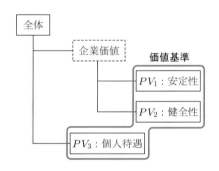

図 4.8 MACBETH における就職先の選択問題に関する価値の木

図 4.8 は，就職先の選択問題に関する価値の木であるが，破線で囲まれた企業価値は基準ではなく，価値基準である安定性と健全性からなる関心領域を表しており，個人待遇と合わせて三つの価値基準から就職先の選択を評価すること意味している．MACBETH では，価値の観点 (point of view) という意味で，三つの価値基準を

PV_1: 安定性，$\quad$ PV_2: 健全性，$\quad$ PV_3: 個人待遇

というように PV_i で表記する．なお，この例では，価値基準の下の階層はない．

---

† 第 3 章での「目的」，第 4 章の AHP, PROMETHEE, ELECTRE での「基準」に相当する用語を，MACBETH では「価値基準」と表現しているので，本書でもこの用語を用いる．

(2) 基準の数量化

MACBETH では，意思決定者は各価値基準 PV_i, $i = 1, \ldots, n$ のそれぞれに対して，参考点 L_i と H_i を指定する．L_i は価値基準 PV_i の現状点，あるいは満足でもなく不満足でもない中立的水準と解釈される．H_i は PV_i の望ましい希求水準，またはベンチマークであり，疑いなく満足できる適合水準と解釈される．このような参考点を示すことによって，各代替案の評価をしやすくするという工夫がなされている．

次に，各価値基準 PV_i に対して，属性の水準を設定する．この水準は質的な水準でもよいし，数値的な水準でもよい．

たとえば，住宅近隣の「河川の整備」に関する質的な水準は，次のように定義される．

河川水準 1　　川底が透き通ってみえ，浚渫が行き届いている．河川壁の草はきれいに刈り取られ，ごみなどが散乱していない．悪臭はない．

河川水準 2：適合水準 H_i　　川底が透き通ってみえるが，少し堆積物がある．河川壁の草は，一部を除きほぼ刈り取られている．悪臭はない．

河川水準 3　　川底が透き通ってみえるが，少し堆積物がある．河川壁の草は，伸び始めている．悪臭はない．

河川水準 4　　川底はみえるが，広範囲に堆積物がある．河川壁の草は，広範囲に伸びている．若干悪臭がする．

河川水準 5：中立的水準 L_i　　水が濁り川底がみえず，広範囲に堆積物やごみなどがある．河川壁の草が伸びているが，幼児の身長には達していない．若干悪臭がする．

河川水準 6　　水が濁り川底がみえず，川底に広範囲に大きな堆積物やごみなどが散乱している．河川壁の草が伸びすぎ，幼児が侵入しても識別できない．悪臭がひどい．

価値基準 PV_i の評価には，中立的水準 L_i と適合水準 H_i を取りいれて，これらを基準にその他の水準が与えられている．

また，「中堅社員の給与（年収）」に関する量的な水準であれば，中立的水準 L_i と適合水準 H_i を，たとえば次のように定義できる．

- 中立的水準 L_i: 500 万円
- 適合水準 H_i: 1000 万円

(3) 各基準に対する代替案のスコア計算

就職先の選択問題に関して，価値基準を PV_1: 安定性，PV_2: 健全性，PV_3: 個人待

遇とし，代替案が a_1, a_2, a_3, a_4, a_5 の5社があるとする．このとき，各代替案に対して，価値基準の水準が表 4.19 のように定まる．

この例では，各代替案が，三つの価値基準に対してすべて評価されているが，意思決定者が確実な値を評価できない場合には，区間で評価する．たとえば，

$$450 \leq (個人待遇 (PV_3) に関する代替案 a_1の評価) \leq 600$$

のように，PV_3 に関する a_1 の評価が区間で表され，意思決定者の評価の不確実性が表現できる．

表 4.19　価値評価表と基準点

代替案	PV_1: 安定性 (資本金 [億円])	PV_2: 健全性 (営業利益 [億円])	PV_3: 個人待遇 (年収 [万円])
a_1	1200	2500	500
a_2	15000	800	800
a_3	1000	2600	700
a_4	800	1500	1200
a_5	8000	1800	900
H_i	10000	2500	1000
L_i	1000	500	400

4.4.2 ◆ 価値関数の構築

(1) 単一属性価値関数の生成

価値基準 PV_i に関連する属性 X_i に対する基数的情報は意思決定者から引き出され，単一属性価値関数 v_i が定義される．たとえば，個人待遇 (PV_3) に関する水準 $200, 400, 600, 800, 1000, 1200, 1400$ に関して，意思決定者は一対比較から表 4.20 に示すような判断行列を生成する．ここで，1000 と 400 はそれぞれ適合水準 H_3 と中立的水準 L_3 に対応している．回答を得た後，ソフトウェアが解析し，仮に回答に矛盾があれば，修正が求められる．

表 4.20　個人待遇に関する判断行列

		1400	1200	1000	800	600	400	200
1400		−	非常弱	弱い	中	強い	非常強	極端
1200			−	弱い	弱い	中	強い	非常強
1000	(H_3)			−	弱い	中	強い	強い
800					−	弱い	中	強い
600						−	弱い	中
400	(L_3)						−	弱い
200								−

評価された水準 $200, 400, 600, 800, 1000, 1200, 1400$ に対して，上述した方法で基礎 MACBETH 尺度 v_i が計算され，それ以外の値に対しては，v_i を区分的線形価値関数と仮定して計算される．

(2) 基準の重みづけ

価値基準の間の重みづけを行うためには，価値基準のペアに対して一対比較から判断行列を生成する必要がある．そのために，次の参考プロファイルが定義される．

$$[L] = [L_1, L_2, L_3, \ldots, L_{n-1}, L_n]$$

$$[PV_1] = [\,\boxed{H_1}\,, L_2, L_3, \ldots, L_{n-1}, L_n]$$

$$[PV_2] = [L_1, \,\boxed{H_2}\,, L_3, \ldots, L_{n-1}, L_n]$$

$$\vdots$$

$$[PV_n] = [L_1, L_2, L_3, \ldots, L_{n-1}, \,\boxed{H_n}\,]$$

ここで，$[L]$ はすべての価値基準が中立的水準 L_i になる参考プロファイルである．また，$[PV_i]$ は，価値基準 PV_i のみが適合基準 H_i で，その他の価値基準はすべて中立的基準 L_j, $j \neq i$ となる参考プロファイルである．

参考プロファイル $[L], [PV_1], \ldots, [PV_n]$ に対して，一対比較から判断重み行列を生成する．たとえば，三つの価値基準 PV_1, PV_2, PV_3 に関して，意思決定者による一対比較から表 4.21 に示すような判断重み行列が生成される．

表 4.21　判断重み行列

	PV_2	PV_1	PV_3	L
PV_2	–	強い	強い	非常強
PV_1		–	非常弱	中
PV_3			–	弱い
L				–

表 4.21 のような判断重み行列から，単一属性価値関数の場合と同様に，基礎 MAC-BETH 尺度 $v_0([L]), v_0([PV_1]), \ldots, v_0([PV_n])$ が計算され，これらの尺度から重みが計算される．

MACBETH では，加法型価値関数モデルが採用されているので，結果ベクトル（代替案）$\boldsymbol{x} = (x_1, \ldots, x_n)$ に対して，総合的な価値 $Att(\boldsymbol{x})$ は次のように計算される．

$$Att(\boldsymbol{x}) = \sum_{i=1}^{n} \frac{v_0([PV_i]) - v_0([L])}{v_i([H_i]) - v_i([L_i])} v_i(x_i)$$

さらに，

$$v_i([L_i]) = 0, \quad v_i([H_i]) = 100, \quad i = 1, \ldots, n \quad かつ \quad \sum_{i=1}^{n} v_0([PV_i]) = 100$$

のとき,

$$Att(\boldsymbol{x}) = \sum_{i=1}^{n} \frac{v_0([PV_i])}{100} v_i(x_i)$$

となり, $v_0([PV_i])/100$ は価値基準 PV_i の重みとよばれる. 各代替案は $Att(\boldsymbol{x})$ によって比較され, $Att(\boldsymbol{x})$ の値が大きい順に順序付けされる.

(3) 感度分析

最後に, 単一属性価値問題や基準の重みづけの過程で, パラメータを調整し, 再度計算して結果を再評価するという感度分析を行うことも重要である.

◆ ◆ ◆ **問 題** ◆ ◆ ◆ ◆ ◆ ◆ ◆ ◆ ◆ ◆ ◆ ◆ ◆ ◆ ◆ ◆

4.1 AHP の比較行列が表 4.22 のように与えられているとき, どの代替案を選択すべきか. 近似法を用いて計算せよ.

表 4.22 比較行列

	基準 1	基準 2	基準 3	(基準 1)	代替案 1	代替案 2	代替案 3
基準 1	1	1/5	1/8	代替案 1	1	3	5
基準 2	5	1	1/6	代替案 2	1/3	1	2
基準 3	8	6	1	代替案 3	1/5	1/2	1

(基準 2)	代替案 1	代替案 2	代替案 3	(基準 3)	代替案 1	代替案 2	代替案 3
代替案 1	1	1/4	1/3	代替案 1	1	1/2	1/3
代替案 2	4	1	5	代替案 2	2	1	1/5
代替案 3	3	1/5	1	代替案 3	3	5	1

4.2 PROMETHEE を適用する. 三つの基準を考え, 代替案として, a_1, a_2, a_3 があるとする. このとき, 各代替案に対して, 各基準の評価値は表 4.23 のとおりである. 各基準に関する選好関数を線形とし, パラメータ $q_i, p_i, i = 1, 2, 3$ をそれぞれ $(q_1, p_1) = (50, 400)$, $(q_2, p_2) = (0, 500)$, $(q_3, p_3) = (100, 600)$ とする. さらに, 各基準に対する重みを $w_1 = 0.4, w_2 = 0.3, w_3 = 0.3$ としたとき, PROMETHEE における正, 負, 正味フローを計算せよ.

表 4.23 評価値

代替案	基準 1: $f_1(a_j)$	基準 2: $f_2(a_j)$	基準 3: $f_3(a_j)$
a_1	200	1000	1500
a_2	500	800	2000
a_3	400	900	1800

4.3　ELECTRE III における選好行列が表 4.24 のように評価されたとする．このとき，降順抽出による順序付け O_1，昇順抽出による順序付け O_2 および最終順序付け O を示せ．

表 4.24　選好行列

	a_1	a_2	a_3	a_4	a_5
a_1	$-$	$\succ$	$-$	$\succ$	$\succ$
a_2	$-$	$-$	$-$	$\succ$	$\succ$
a_3	$\succ$	$-$	$-$	$\succ$	$-$
a_4	$-$	$-$	$-$	$-$	$-$
a_5	$-$	$-$	$-$	$-$	$-$

2.1 くじ l^1, l^2 はそれぞれ $(0.62, c^0;\ 0.38, c^*)$, $(0.54, c^0;\ 0.44, c^*)$ と無差別となるので，くじ l^2 が望ましい.

2.2 あなたが解表 1 のように判断確率と結果の効用を評価したとする.

解表 1　判断確率と結果の効用

(a) 契約 1

事象	判断確率	結果	結果の効用
E_1^1: 予定どおり	$P(E_1^1) = 0.7$	100 万円	$\pi(100) = 1$
E_2^1: 2 週間遅れ	$P(E_2^1) = 0.2$	10 万円	$\pi(10) = 0.35$
E_3^1: 2 週間遅れ以上	$P(E_3^1) = 0.1$	0 円	$\pi(0) = 0$

(b) 契約 2

事象	判断確率	結果	結果の効用
E_1^2: 予定どおり	$P(E_1^2) = 0.7$	70 万円	$\pi(70) = 0.9$
E_2^2: 1 週間遅れ	$P(E_2^2) = 0.1$	50 万円	$\pi(50) = 0.8$
E_3^2: 2 週間遅れ	$P(E_3^2) = 0.1$	30 万円	$\pi(30) = 0.65$
E_4^2: 2 週間遅れ以上	$P(E_4^2) = 0.1$	0 円	$\pi(0) = 0$

$$P(E_1^1)\pi(100) + P(E_2^1)\pi(10) + P(E_3^1)\pi(0) = 0.77$$

$$P(E_1^2)\pi(70) + P(E_2^2)\pi(50) + P(E_3^2)\pi(30) + P(E_4^2)\pi(0) = 0.775$$

より，契約 2 を選択すべきである.

2.3 (1) くじの期待金銭額は

$$\frac{1}{2}2 + \left(\frac{1}{2}\right)^2 2^2 + \left(\frac{1}{2}\right)^3 2^3 + \cdots + \left(\frac{1}{2}\right)^n 2^n + \cdots = \sum_{i=1}^{\infty}\left(\frac{1}{2}\right)^i 2^i = \infty$$

となり，無限大となるからである.

(2) たとえば，効用関数として $u(x) = \log x$ を採用すると，この賭けの期待効用は

$$\frac{1}{2}\log 2 + \left(\frac{1}{2}\right)^2 \log 2^2 + \left(\frac{1}{2}\right)^3 \log 2^3 + \cdots + \left(\frac{1}{2}\right)^n \log 2^n + \cdots$$

$$= \left\{\frac{1}{2} + \left(\frac{1}{2}\right)^2 2 + \left(\frac{1}{2}\right)^3 3 + \cdots + \left(\frac{1}{2}\right)^n n + \cdots\right\}\log 2$$

$$= 2\log 2 = \log 4$$

となり，4円の効用と等しくなるので，4円支払う．

(3) くじの期待金銭額 EMV は

$$\frac{1}{2}2 + \left(\frac{1}{2}\right)^2 2^2 + \left(\frac{1}{2}\right)^3 2^3 + \cdots + \left(\frac{1}{2}\right)^{25} 2^{25} = 25$$

である．

(4) たとえば，効用関数として $u(x) = \log x$ を採用すると，この賭けの期待効用は

$$\frac{1}{2}\log 2 + \left(\frac{1}{2}\right)^2 \log 2^2 + \left(\frac{1}{2}\right)^3 \log 2^3 + \cdots + \left(\frac{1}{2}\right)^{25} \log 2^{25}$$

$$= \left\{ \frac{1}{2} + \left(\frac{1}{2}\right)^2 2 + \left(\frac{1}{2}\right)^3 3 + \cdots + \left(\frac{1}{2}\right)^{25} 25 \right\} \log 2$$

$$\cong 2\log 2 = \log 4$$

となり，やはり4円支払う．

2.4 (1) A を第1の会社に合格する事象，B を第2の会社に合格する事象とする．$P(A) = 0.6$, $P(B) = 0.5$, $P(B|A) = 0.7$, $P(B|A) = P(A \cap B)/P(A) = 0.7$ より $P(A \cap B) = 0.7 \cdot 0.6 = 0.42$ となる．よって，$P(A \cup B) = P(A) + P(B) - P(A \cap B) = 0.6 + 0.5 - 0.42 = 0.68$ となる．

(2) $P(A \cup B) = 0.68 < 0.8$ より，第3の会社を志願すべきである．

2.5 同時確率は

$$P(s_1^1 \cap s_1^2) = P(s_1^1 \mid s_1^2)P(s_1^2) = 0.75 \times 0.6 = 0.45$$

$$P(s_1^1 \cap s_2^2) = P(s_1^1 \mid s_2^2)P(s_2^2) = 0.35 \times 0.4 = 0.14$$

$$P(s_2^1 \cap s_1^2) = P(s_2^1 \mid s_1^2)P(s_1^2) = 0.25 \times 0.6 = 0.15$$

$$P(s_2^1 \cap s_2^2) = P(s_2^1 \mid s_2^2)P(s_2^2) = 0.65 \times 0.4 = 0.26$$

となる．周辺確率は

$$P(s_1^1) = P(s_1^1 \cap s_1^2) + P(s_1^1 \cap s_2^2) = 0.45 + 0.14 = 0.59$$

$$P(s_2^1) = P(s_2^1 \cap s_1^2) + P(s_2^1 \cap s_2^2) = 0.15 + 0.26 = 0.41$$

となる．最終的な結果の条件付き確率は

$$P(s_1^2 \mid s_1^1) = \frac{P(s_1^1 \cap s_1^2)}{P(s_1^1)} = \frac{0.45}{0.59} = 0.76$$

$$P(s_2^2 \mid s_1^1) = \frac{P(s_1^1 \cap s_2^2)}{P(s_1^1)} = \frac{0.14}{0.59} = 0.24$$

$$P(s_1^2 \mid s_2^1) = \frac{P(s_2^1 \cap s_1^2)}{P(s_2^1)} = \frac{0.15}{0.41} = 0.37$$

$$P(s_2^2 \mid s_2^1) = \frac{P(s_2^1 \cap s_2^2)}{P(s_2^1)} = \frac{0.26}{0.41} = 0.63$$

となる．決定木は解図 1 のようになる．

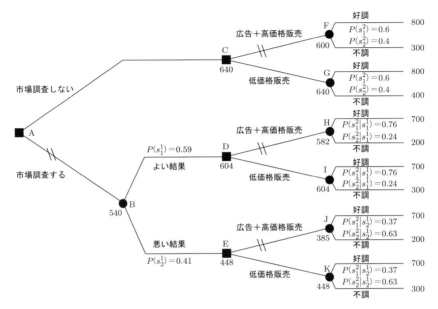

解図 1　決定木

解図より，

- 決定ノード A では行動「市場調査なし」を選択
- 決定ノード C, D, E では行動「低価格販売」を選択

となる．

2.6　$u(500) = 1, u(400) = \pi, u(0) = 0$ とおくと，課題 1 において $A \succ B$ は $0.9\pi + 0.1 \times 0 > 0.6 \times 1 + 0.4 \times 0$ を意味し，$\pi > 2/3$ でなければならない．課題 4 において $A \prec B$ は $0.15\pi + 0.85 \times 0 < 0.1 \times 1 + 0.9 \times 0$ を意味し，$\pi < 2/3$ でなければならない．これらを同時に満たす π は存在しないので，このような選好と期待効用最大化原理は整合しない．

2.7　くじの期待効用 EU とランク依存効用 RDU は解表 2 のように計算できる．

解表 2　EU と RDU

	EU	RDU
l^1	36.592	31.384
l^2	35.920	30.764
l^3	37.934	33.089
l^4	33.907	29.341

3.1 G, F, D は支配されていない. E は G に, C は F に, B は D に, A は B, C, D, E, F, G に支配されている. パレート最適解は G, F, D である.

3.2 解図2のとおり. 片方の手袋の数が増えても価値は上がらない.

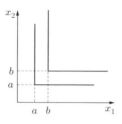

解図2 無差別曲線

3.3 A, B, C の順で限界代替率は大きくなる.

3.4 $k_1 u_1(80) = k_2$ より, $0.9638k_1 = k_2$ を得る. $k_1 + k_2 = 1$ なので, $k_1 = 0.509, k_2 = 0.491$ となる.

3.5 $v(\boldsymbol{x}^1) = 0.672, v(\boldsymbol{x}^2) = 0.652, v(\boldsymbol{x}^3) = 0.598$ なので, 順序付けは $\boldsymbol{x}^1, \boldsymbol{x}^2, \boldsymbol{x}^3$ の順となる.

3.6 $k_1 > k_2 > k_3$ となる.

3.7 $k_1 = \pi = 0.7, k_2 = k_1 u_1(150) = 0.7 \times 0.920 = 0.644, k_3 = k_1 u_1(120) = 0.7 \times 0.842 = 0.589$ となる.

3.8 $u(\boldsymbol{x}^1) = 0.878, u(\boldsymbol{x}^2) = 0.893, u(\boldsymbol{x}^3) = 0.902$ なので, 順序付けは $\boldsymbol{x}^3, \boldsymbol{x}^2, \boldsymbol{x}^1$ の順となる.

4.1 重みは $\boldsymbol{w} = (0.0589, 0.2742, 0.6669)$, 個別優先度は $\boldsymbol{p}^1 = (0.6413, 0.2375, 0.1211)$, $\boldsymbol{p}^2 = (0.1003, 0.6336, 0.2661), \boldsymbol{p}^3 = (0.1306, 0.2280, 0.6413)$ より, 総合優先度は $P_1 = 0.1524, P_2 = 0.3398, P_3 = 0.5078$ となり, 代替案3を選択すべきである.

4.2 総合選好度 π_{jk} と正, 負, 正味フロー $\phi^+(a_j), \phi^-(a_j), \phi(a_j)$ は解表3のようになる.

解表3 総合選好度と正・負・正味フロー

(a)				(b)		
π_{jk}	a_1	a_2	a_3		$\phi^+(a_j)$	$\phi^-(a_j)$	$\phi(a_j)$
a_1	0	0.12	0.06	a_1	0.09	0.4086	-0.3186
a_2	0.5257	0	0.1171	a_2	0.3214	0.4086	-0.0871
a_3	0.2914	0.06	0	a_3	0.1757	0.1457	0.03

4.3　順序付け O_1，順序付け O_2，最終順序付け O は解表 4 のようになる.

解表 4　順序付け O_1，O_2，O

	順序付け O_1 （降順抽出）	順序付け O_2 （昇順抽出）	最終順序付け O
順位 1	$\{a_1, a_3\}$	a_3	a_3
順位 2	a_2	a_1	a_1
順位 3	$\{a_4, a_5\}$	a_2	a_2
順位 4		a_5	a_5
順位 5		a_4	a_4

関連図書

C. A. Bana e Costa, J.-M. De Corte and J.-C. Vansnick (2003), MACBETH, OR Working Paper 03.56, London School of Economics and Political Science.

J. P. Brans and Ph. Vincke (1985), A preference ranking organisation method (The PROMETHEE method for multiple criteria decision-making), Management Science, 31, 647–656.

J. P. Brans, Ph. Vincke, and B. Mareschal (1986), How to select and how to rank projects: The PROMETHEE method, European Journal of Operational Research, 24, 228–238.

F. Eisenführ, M. Weber, and T. Langer (2010), Rational Decision Making, Springer, Heidelberg.

P. C. Fishburn (1982). The Foundations of Expected Utility, Reidel Publishing Company, Dordrecht.

I. Gilboa (2009), Theory of Decision under Uncertainty, Cambridge University Press, Cambridge.

T. Hayashida, I. Nishizaki, and Y. Ueda (2010), Multiattribute utility analysis for policy selection and financing for the preservation of the forest, European Journal of Operational Research, 200, 833–843.

A. Ishizaka, and P. Nemery (2013), Multi-Criteria Decision Analysis: Methods and Software, Wiley, West Sussex.

R. L. Keeney, and H. Raiffa (1976), Decisions with Multiple Objectives: Preferences and Value Tradeoffs, Wiley, New York.

D. H. Krantz, R. D. Luce, P. Suppes, and A. Tversky (1971), Foundations of Measurement: Additive and Polynomial Representations, Academic Press, New York.

D. M. Kreps (1988), Notes on the Theory of Choice, Westveiw Press, Boulder.

J. W. Pratt, H. Raiffa, and R. Schlaifer (1995), Introduction to Statistical Decision Theory, MIT Press, Cambridge.

B. Roy (1991), The outranking approach and the foundations of ELECTRE methods, Theory and Decision, 31, 49–73.

T. Saaty (1977), A scaling method for priorities in hierarchical structures, Journal of Mathematical Psychology, 15, 234–281.

T. Saaty (1980), The Analytic Hierarchy Process, McGraw-Hill.

T. Saaty (2005), Theory and Applications of the Analytic Network Process: Decision Making with Benefits, Opportunities, Costs, and Risks, RWS Publication, Pittsburgh.

L. J. Savage (1954), The Foundations of Statistics, Wiley, New York.

F. Seo, I. Nishizaki and H. Hamamoto (2007), Development of interactive support systems for multiobjective decision analysis under uncertainty: MIDASS, *Kyoto Institute of Economic Research, Discussion paper*, 637, Kyoto University.

田村, 中村, 藤田 (1997), 効用分析の数理と応用, コロナ社.

P. P. Wakker (2010), Prospect Theory: for Risk and Ambiguity, Cambridge University Press, Cambridge.

索 引

著 者 略 歴

西﨑　一郎（にしざき・いちろう）

昭和 59 年　神戸大学大学院工学研究科修士課程システム工学専攻修了
　同　年　　新日本製鐵株式会社 入社
平成 2 年　京都大学経済研究所 助手
平成 5 年　摂南大学経営情報学部 助教授
　同　年　　博士（工学）の学位取得（広島大学）
平成 9 年　広島大学工学部第二類（電気系）助教授
平成 14 年　広島大学大学院工学研究科複雑システム工学専攻 教授
平成 16 年　広島大学大学院工学研究科システムサイバネティクス専攻
　　　　　　教授（改組による）
　　　　　　現在に至る

編集担当　太田陽喬(森北出版)
編集責任　上村紗帆(森北出版)
組　　版　中央印刷
印　　刷　　同
製　　本　ブックアート

意思決定の数理
最適な案を選択するための理論と手法　　　　　　　　© 西﨑一郎　2017

2017 年 10 月 5 日　第 1 版第 1 刷発行　　　　【本書の無断転載を禁ず】

著　　者　西﨑一郎
発 行 者　森北博巳
発 行 所　森北出版株式会社
　　　　　東京都千代田区富士見 1-4-11（〒102-0071）
　　　　　電話 03-3265-8341／FAX 03-3264-8709
　　　　　http://www.morikita.co.jp/
　　　　　日本書籍出版協会・自然科学書協会　会員
　　　　　JCOPY ＜(社)出版者著作権管理機構 委託出版物＞

Printed in Japan／ISBN978-4-627-92221-1

MEMO